国家地下水资源
年度调查评价（2021）

李文鹏　吴爱民　主编

科学出版社

北京

内 容 简 介

本书是 2021 年度国家地下水资源调查评价成果。本次年度评价依据统一的技术规程，充分利用自然资源部门、水利部门、生态环境部门、气象部门权威数据，特别是最新的第三次全国国土调查数据，形成了 2021 年全国 – 流域 – 省三级地下水资源年度调查评价成果。本书共六章，内容包括国家地下水资源年度调查评价概况、地下水资源评价基础与方法、地下水资源状况、地下水质量状况、地下水位变化特征以及结论。

本书可供地球科学、水文地质、水资源、环境、生态等学科领域的科研人员参考，也可供有关院校教师和研究生参考使用。

审图号：GS 京 (2023)2264 号

图书在版编目（CIP）数据

国家地下水资源年度调查评价 . 2021 / 李文鹏，吴爱民主编 . —北京：科学出版社，2023.11
ISBN 978-7-03-076915-2

Ⅰ.①国… Ⅱ.①李… ②吴… Ⅲ.①地下水资源—资源调查—资源评价—中国— 2021 Ⅳ.① P641.8

中国国家版本馆 CIP 数据核字 (2023) 第 215030 号

责任编辑：韦　沁 / 责任校对：张小霞
责任印制：肖　兴 / 封面设计：北京图阅盛世

科学出版社 出版
北京东黄城根北街16号
邮政编码：100717
http://www.sciencep.com
河北鑫玉鸿程印刷有限公司 印刷
科学出版社发行　各地新华书店经销
*
2023年11月第　一　版　开本：889×1194　1/16
2023年11月第一次印刷　印张：6 1/4　插页：5
字数：210 000
定价：128.00元
（如有印装质量问题，我社负责调换）

组织委员会

主　任　李金发

副主任　牛之俊

成　员　吴爱民　郝爱兵　刘同良　周　平　李文鹏

　　　　文冬光　侯春堂　彭轩明　汪大明　贾伟光

　　　　高延光　毛晓长　李建星　李　军　倪化勇

编辑委员会

主　编　李文鹏　吴爱民

副主编　孙晓明　郑跃军　王　璜　李春燕

成　员　李亚松　王雨山　朱　阁　袁富强　韩双宝

　　　　杨会峰　王文中　夏日元　邹胜章　柳富田

　　　　王晓光　刘　强　龚建师　黄长生　黎清华

　　　　张　俊　邓国仕　魏良帅

参加单位与成员

中国地质调查局参加单位与成员

水文地质与水资源调查监测评价计划
计划协调人：吴爱民
首席科学家：李文鹏
协调办公室：孙晓明　王　璜　朱　阁　李亚松　王雨山　郑跃军　李春燕

全国地下水资源评价与监测（中国地质环境监测院、中国地质调查局自然资源综合调查指挥中心、中国自然资源航空物探遥感中心）
首 席 专 家：郑跃军
主要参加人员：李春燕　吕晓立　袁富强　李圣品　刘文波　刘　可　李长青　黎　涛
　　　　　　　郭海朋　臧西胜　赵　伟　黄　欢　王玢佳　林艳竹　赵建明　杨伟龙
　　　　　　　廖　驾　闫柏琨　甘甫平　刘明欢　刘　燚

松辽流域水文地质调查（中国地质调查局沈阳地质调查中心、中国地质调查局水文地质环境地质调查中心）
首 席 专 家：王晓光　刘　强
主要参加人员：郭晓东　李　霄　王长琪　石旭飞　刘伟坡　耿　欣　都基众　陈　麟
　　　　　　　张慧荣　成　龙　张梅桂　李志红　崔虎群　程旭学　刘江涛　吴庭雯

海河流域水文地质调查（中国地质科学院水文地质环境地质研究所、中国地质调查局天津地质调查中心）
首 席 专 家：杨会峰
主要参加人员：孟瑞芳　柳富田　包锡麟　李泽岩　白　华　孙红丽　宋　博　高业新
　　　　　　　任　宇　张英平　陈社明　张　卓

黄河流域水文地质调查（中国地质调查局水文地质环境地质调查中心、中国地质科学院水文地质环境地质研究所、中国地质科学院岩溶地质研究所）
首 席 专 家：韩双宝
主要参加人员：李甫成　申豪勇　刘景涛　张学庆　马　涛　袁　磊　魏世博　李海学
　　　　　　　赵　一　杨明楠　郭春燕　赵敏敏　王　赛　吴　玺

淮河－东南诸河流域水文地质调查（中国地质调查局南京地质调查中心、中国地质科学院水文地质环境地质研究所）
首 席 专 家：龚建师　王文中

主要参加人员：王赫生　李　亮　周锴锷　朱春芳　陶小虎　叶永红　许乃政　檀梦皎
　　　　　　　郑昭贤　苏　晨　李晓媛　程中双　梅　杨　刘玲霞　郭小娇　李兵岩

长江流域水文地质调查（中国地质调查局武汉地质调查中心、中国地质科学院探矿工艺研究所、中国地质科学院岩溶地质研究所）
首 席 专 家：黄长生　黎清华
主要参加人员：龚　冲　黄安邦　潘晓东　肖　攀　彭　博　宋　晨　余绍文　魏良帅
　　　　　　　邵长生　曾　洁　刘凤梅　舒勤峰　任　坤　张彦鹏　刘　勇　杨　杨
　　　　　　　彭　聪

珠江流域水文地质调查（中国地质科学院岩溶地质研究所）
首 席 专 家：夏日元　邹胜章
主要参加人员：赵良杰　卢　丽　曹建文　黄奇波　潘晓东　朱丹尼　曾　洁　王　喆
　　　　　　　卢海平

西南诸河流域水文地质调查（中国地质调查局成都地质调查中心）
首 席 专 家：邓国仕
主要参加人员：唐业旗　钟金先　王裕琴　岑鑫雨　陆生林　陈启国

西北内陆盆地区水文地质调查（中国地质调查局西安地质调查中心、中国地质环境监测院、中国地质科学院水文地质环境地质研究所）
首 席 专 家：张　俊
主要参加人员：余　堃　李春燕　朱谱成　曹　乐　聂振龙　柳富田　邓国仕　龙　睿
　　　　　　　顾小凡　李　瑛　常　亮　董佳秋　祁晓凡　刘　可　张　竞　宁　航

省级参加单位与成员

北京市水文地质工程地质大队（北京市地质环境监测总站）
卢忠阳　孙　颖　许苗娟　王新娟　李　鹏　刘　殷　张　院　韩　旭　董　佩

天津市地质环境监测总站
王亚斌　李晓华　柳玉洁　吴荣泽　张姣姣

河北省地质环境监测院
刘　洋　范存良　姜先桥　尚琳群

山西省地质环境监测中心
单利军

内蒙古自治区地质调查研究院

杨亮平　熊海钦　邬广云　王金伟　原年福

吉林大学、辽宁省自然资源事务服务中心

辛　欣　罗建南　卞玉梅　赵　杰　刘　勇

吉林大学、吉林省地质环境监测总站

方　樟　孙晓庆　王维琦　李耀斌

黑龙江省地质环境监测总站

卜文强　刘　伟　冯晓琳　王立宦　王林澍

上海市地质调查研究院

吴建中　何　晔　石凯文

江苏省地质调查研究院

张　岩　刘　源　龚亚兵　李　进

浙江省地质环境监测中心

黎　伟　黄金瓯　张达政　朱晓曦　沈慧珍　周丽玲

安徽省地质环境监测总站

魏永霞　杨章贤　陈　炎　刘　毅　林桂香　李　瑞　柯昱琪　朱泽军　朱学群　王明章
韩久虎　董迎春　董　琼　赵晓玲　辛翌龙

福建省地质环境监测中心、福建省地质工程勘察院

陈生东　黄颖珍　赵汝荣　邓鼎兴　陈　志　郑丽蓉

江西省勘察设计研究院、江西省地质环境监测总站

吴德泉　何景媛　余圣品　李　琦

山东省国土空间生态修复中心

王晓玮　张永伟　于德杰　梁　浩　黄岩岩　许玉阳　李永超　周建民　朱　国　甄　欣

河南省自然资源监测院

王　琳　潘　登　屈吉鸿　王继华　王　帅　周　娟　蒋亚茹　王　聪　张庆晓

中国地质大学（武汉）、湖北省地质环境总站

周　宏　李　寅　罗明明　党慧慧　江　聪

湖南省水文地质环境地质调查监测所、湖南省自然资源事务中心

王森球　黄树春　刘声凯

广东省地质环境监测总站

王　莹　张　玲　谭咏清

广西壮族自治区地质环境监测站

杨　林　胡波银　王冬杰　朱　明　文海涛　李志宇　袁范阳　储　瑞　梁春梅

海南省地质环境监测总站

陈素暖

重庆市地质环境监测总站

赵善道　甘　林

四川省国土空间生态修复与地质灾害防治研究院

刘　灏　孙先锋

贵州省地质环境监测院

熊俊伟　杨荣康　罗　维　王　乾　杨秀丽　宁黎元

云南省地质环境监测院

张　华　高　瑜　杨　帆

西藏自治区地质环境监测总站

索朗扎西　吕文明　李昆仲　于乐琪　安红梅

陕西省地质环境监测总站

郝光耀　张红强　李　勇　李文莉　赵梅梅　贺旭波　陶福平　强　菲

甘肃省地质环境监测院

刘心彪　李平平　赵　旭　郭军毅

青海地质环境监测总站、长安大学

周　保　任永胜　严慧珺　卢玉东　张　旭　曾广豪　王　博　李环环　詹润泽

宁夏回族自治区国土资源调查监测院、宁夏回族自治区水文环境地质调查院

唐利君　康锦辉　韩强强　马　波

新疆维吾尔自治区地质环境监测院

乔　华　卿兵兵　朱　瑾　苏　潇　郑航琪

前言

　　水资源是自然资源的核心之一，是国家经济社会发展不可或缺的重要资源。地下水是水资源的重要组成部分，约占我国水资源总量的三分之一，在保障城乡居民生活、支撑社会经济发展等方面均发挥着重要作用，尤其在北方干旱－半干旱地区，地下水是维系生态系统健康的关键水源。

　　党中央、国务院高度重视地下水开发利用与保护。党的十八大以来，习近平总书记站在中华民族永续发展的战略高度，对国家水资源、水环境、水生态、水安全多次做出重要指示批示。党和国家机构改革，把国家水资源调查和确权登记职责赋予自然资源部。自然资源部党组和部领导高度重视，多次召开专题会议研究部署水资源调查监测工作，要求发挥自然资源部门优势，首先做好地下水资源调查评价工作。

　　中国地质调查局坚决贯彻落实部党组要求，印发了《地质调查支撑服务水资源管理总体设计（2021—2030年）》，着力构建了"1+9+31"全国地下水资源调查监测工作体系，形成了年度评价机制。由中国地质环境监测院技术总牵头；中国地质调查局水文地质环境地质调查中心、中国地质科学院水文地质环境地质研究所、中国地质科学院岩溶地质研究所3个专业调查研究单位，以及中国地质调查局天津地质调查中心、中国地质调查局沈阳地质调查中心、中国地质调查局南京地质调查中心、中国地质调查局武汉地质调查中心、中国地质调查局成都地质调查中心、中国地质调查局西安地质调查中心6个区域地质调查中心分别负责9个一级流域地下水资源评价，指导流域相关省份地下水资源评价；31个省级地质环境监测机构负责本辖区内的地下水资源评价工作。中国地质调查局自然资源综合调查指挥中心负责典型流域水资源调查与地下水统测，中国地质调查局自然资源航空物探遥感中心负责相关水循环要素遥感监测评价。自然资源部国土卫星遥感应用中心、国家基础地理信息中心、中国国土勘测规划院分别提供了全国江河湖库水体与冰川遥感监测、全国1~9级水系、第三次全国国土调查等最新数据。

按照统一的技术规程，首次系统划分了全国1~5级地下水资源区，厘定了不同级次地下水分区的水力联系与补排关系，建立了评价单元水文地质概念模型，夯实了水资源确权登记与资产管理基础，研发了全国地下水资源在线评价系统，实现全国－流域－省三级评价在线协同。同时，基于第三次全国国土调查数据，利用气象部门降水数据、水利部门径流量和河流水位监测数据、20469个国家地下水监测工程站点水位－水质监测数据、56840个地下水统测点水位数据，形成了全国－流域－省三级地下水资源年度评价成果包括：一是全国地下水资源量为9022.54亿 m^3，较多年平均总体稳定，但北方地区地下水受降水影响增加显著；二是全国地下水质量稳中向好，影响水质的主要天然指标有锰、铁、总硬度、溶解性总固体等10项，主要人为活动指标有氨氮、硝酸盐等4项；三是全国主要平原盆地地下水位以上升为主，三江平原、江汉－洞庭湖平原地下水位下降明显；四是全国17个主要平原盆地地下水储存量净增加408.34亿 m^3，其中华北平原地下水储存量净增加210.9亿 m^3；五是全国35个主要地下水降落漏斗面积有所减少，主要分布在北方平原盆地区；六是全国初步划定38个地下水储备重点区，为国家地下水战略储备和应急供水提供了依据。

目录

第一章

地下水资源
年度调查评价概况

第一节　目标任务及主要内容

一、目标任务

开展全国范围内地下水资源年度调查评价工作，掌握地下水资源数量、质量、开发利用、地下水位及储存量年度变化情况，形成全国－流域－省三级年度地下水资源数据，为自然资源管理和水资源可持续利用提供基础支撑。

二、主要内容及流程

地下水资源年度调查评价的主要内容包括地下水资源状况、地下水质量状况和地下水变化特征。其中，地下水资源状况重点评价溶解性总固体（total dissolved solids，TDS）≤ 2g/L 的地下水的年度天然补给量；地下水变化特征包括主要平原盆地地下水位变化状况，地面沉降区和地下水超采区等与地下水开发相关的问题区的地下水位动态特征，主要地下水位降落漏斗面积、最大水位埋深年度变化以及地下水储存量年度变化等。

本书地下水资源年度调查评价的周期为 2021 年 1~12 月，工作流程主要包括资料搜集与整编、地下水资源分区与评价单元选定、评价单元水文地质概念模型构建与评价参数、评价方法选取、地下水资源评价、资源汇总、地下水资源年度动态状况与原因分析，成果编制与审查等。本次评价利用地下水资源在线评价系统进行，全国－流域－省三级评价人员实现在线协同评价，年度地下水资源评价数据库建设贯穿评价全流程中，并实现自动化建库（图 1.1）。

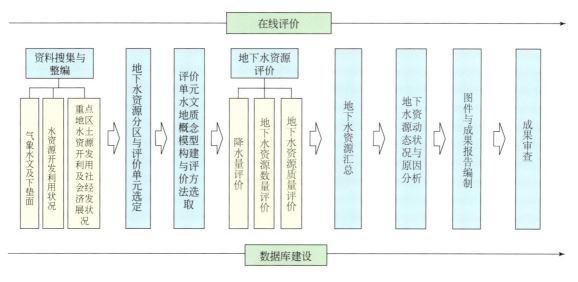

图 1.1　地下水资源年度调查评价流程简图

第二节　工作组织与工作过程

一、工作组织

按照自然资源部自然资源调查监测司统一部署，中国地质调查局水文地质环境地质部协调相关部属单位、局属单位和各省级地质环境监测机构，构建了"1+9+31"全国地下水资源调查监测工作体系。中国地质环境监测院负责全国地下水资源评价技术要求编制，在线评价系统研发与培训、全国成果汇总等工作；中国地质调查局水文地质环境地质调查中心、中国地质科学院水文地质环境地质研究所、中国地质科学院岩溶地质研究所，以及中国地质调查局天津、沈阳、南京、武汉、西安和成都 6 个区域地质调查中心负责 9 个一级流域地下水资源评价与汇总工作，指导相关省份地下水资源评价。其中，中国地质调查局沈阳地质调查中心负责松辽流域，中国地质科学院水文地质环境地质研究所和中国地质调查局天津地质调查中心负责海河流域，中国地质调查局水文地质环境地质调查中心负责黄河流域，中国地质调查局南京地质调查中心负责淮河流域和东南诸河流域、中国地质调查局武汉地质调查中心负责长江流域、中国地质科学院岩溶地质研究所负责珠江流域，中国地质调查局成都地质调查中心负责西南诸河流域、中国地质调查局西安地质调查中心负责西北诸河流域。各流域负责对接省份见图1.2。

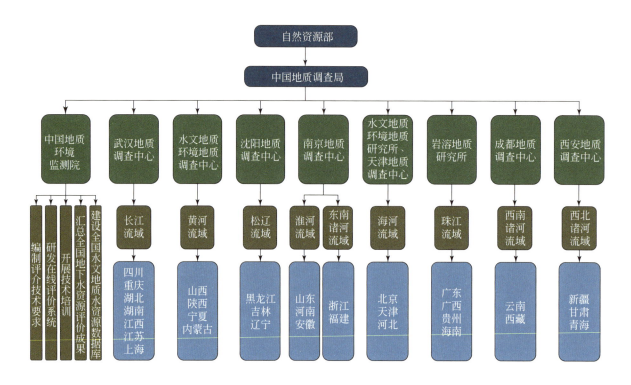

图 1.2　地下水资源年度调查评价工作组织框图

　　流域负责单位组织相关省份开展评价技术交流，对难以独立承担省级评价任务的省份给予人力和技术支持，协调跨省域评价单元的评价数据、参数和结果的一致性，对省级评价成果进行审核，包括数据来源、处理方法、评价方法、计算结果、重复量识别与扣除等。31个省级地质环境监测机构负责本辖区地下水资源评价工作（图1.3）。中国地质调查局自然资源综合调查指挥中心负责典型流域水资源调查与地下水统测，中国地质调查局自然资源航空物探遥感中心负责相关水循环要素遥感监测评价。自然资源部国土卫星遥感应用中心、国家基础地理信息中心、中国国土勘测规划院分别提供了全国江河湖库与冰川遥感监测、全国1~9级水系、第三次全国国土调查等最新数据。共600余名专业技术人员参与本次工作。

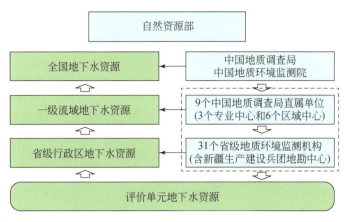

图 1.3 地下水资源调查评价组织实施框图

二、工作过程

本次年度调查评价工作于 2021 年 3 月启动，4~12 月完成 5.6 万个地下水统测点的水位统测，利用第三次全国国土调查数据对评价参数及相关数据进行校核，并在典型地区开展地下水开采量核查，8~9 月面向流域、各省级评价负责人和技术骨干开展了两期地下水资源在线评价系统培训；2022 年 1 月完成了评价数据收集与汇总分析，2 月基本完成省级地下水资源年度评价，开展一级流域评价成果汇总；3 月中旬以流域为单元组织流域和相关省份专家，完成了一级流域年度评价成果审查与研讨；3 月底各流域负责单位按照专家意见和技术标准要求，完成流域评价成果修改完善，提交中国地质环境监测院；4 月下旬中国地质环境监测院完成了全国年度评价成果汇总，编制成果报告和图件，并通过了由中国科学院院士、中国工程院院士，以及自然资源部、水利部、生态环境部、中国气象局、水利部淮河流域委员会、水利部长江流域委员会、吉林大学、中国地质大学（武汉）、长安大学等的专家组成的专家委员会评审。

第三节　质量评述

本次评价是国家地下水资源调查监测机构及省级地下水资源调查监测机构协同配合，按照统一的技术规范，在传统评价方法基础上，结合新技术新方法，并在全国－流域－省各层级、多部门专家指导下完成的。

一、技术规范统一

为规范全国地下水资源调查评价工作流程和方法，保障评价成果，2020 年编制了《全国地下水资源评价技术要求》，规定了开展地下水资源调查评价的目标任务、基本原则、工作流程、工作内容、技术方法及成果要求等。2021 年修订为《地下水资源调查评价规范》（报批稿）行业标准，2021 年度全国地下水资源评价遵循该规范统一开展。

二、资料数据权威

本次评价收集了自然资源部门近 70 年覆盖全国的 1∶5 万、1∶10 万、1∶20 万、1∶25 万、1∶100 万等不同比例尺水文地质调查成果，以及国家地下水监测工程勘探成果和全国地下水统测调查成果。地下水位数据以国家地下水监测工程的 20469 个自动化监测站点监测数据和 56840 处地下水统测点数据为主。其中，国家地下水监测工程数据经过了定期人工复核、异常数据剔除等整编处理，格式规整、数据准确；地下水位统测数据对每个统测点进行了详细调查，包括了成井时间、井深、井结构、供水层位，并开展了地表和统测点高程测量，对每个统测点建立档案。在水位统测时同一点位测量 3 次，取平均值减小误差。地下水质数据来源于国家地下水监测工程的 10171 个监测站点水质样品测试分析成果。地下水质测试由获得国家质量认证和质量管理体系认证的测试机构完成，并通过了中国地质调查局组织的水质样品测试质量监控。

降水数据以气象部门提供的 0.05° 分辨率格网数据为基础，各省及流域通过当地气象、水利部门收集 1763 个雨量站点逐月、逐日数据或年降水等值线数据，对珠江流域等区域降水量格网数据进行了进一步的修正。

河川径流数据参考使用了水利部门发布的 1368 个大江大河实时水位和流量监测数据，并在松辽流域、西南诸河流域补充收集了部分河川径流数据，在珠江等流域建立了降水－径流关系曲线。

特别指出，本次评价收集和使用了自然资源部门第三次全国国土调查成果，首次实现了基于第三次全国国土调查的地下水资源评价。

三、评价方法科学

本次评价基于中华人民共和国成立以来 70 余年的水文地质调查监测评价工作成果，构建了每个评价单元的水文地质概念模型，对每个单元制订了适宜的评价方法。山丘区一般采用排泄量法，部分研究程度较高的地区利用降水入渗补给量进行校核；平原区一般采用补给量法计算，并通过计算排泄量和储存量变化量，进行均衡校验。

部分流域开展新方法探索。例如，长江流域重点针对江汉平原区水稻种植不同阶段地下水入渗补给的机理不同，提出了水稻生长周期降水、灌溉补给量计算方法，并针对水稻与旱地作物轮作的特点，细化了同一区域年内不同作物种植时期的地下水资源评价方法；珠江流域针对不同尺度流域选择了不同的模拟方法，并在模型计算过程中扣除了山丘区与平原区之间的地下水重复计算量。

四、专家严格把关

在地下水资源评价过程中，建立了全国－流域－省各层级、多部门专家指导委员会，持续对流域、省评价技术和数据进行把关，各流域地下水资源年度评价成果于 2022 年 3 月中旬经过了相关省份和流域内权威的自然资源部门、水利部门、生态环境部门、科研院校专家评审。在此基础上，汇总形成了国家地下水资源年度调查评价成果，并于 4 月底经中国科学院、中国工程院院士，国家和流域层面自然资源部门、水利部门、生态环境部门、气象部门及科研院校相关专家最终审定。

第二章

地下水资源
评价基础与方法

第一节　地下水资源分区及评价单元

划分不同级别地下水资源区是地下水资源评价的基础。本次以地球系统科学和水循环理论为指导，以地下水集水盆地和流域划分为主线，系统划分了全国1~5级地下水资源区。各级地下水资源区突出各自然单元的地下水资源特征，反映不同层级相对完整的地下水补给、径流、排泄（补、径、排）特征，科学评价地下水资源，实现地下水资源逐级汇总。

具体来说，地下水资源一级区主要参照大型地表分水岭，与水资源一级区和大型内流盆地保持一致。其中，大型内流盆地指西北干旱内流盆地，包括准噶尔盆地、塔里木盆地、河西走廊及北山、柴达木–青海湖盆地、羌塘内流河湖和内蒙古高原，其余地下水资源一级区与水资源一级区保持一致。地下水资源二级区划分则兼顾了不同尺度的流域和水文地质特征，在北方以地下水集水盆地为主线，以集水区边界和含水层边界的外包线作为该分区的边界，再将周边山丘集水区和地下水盆地平原汇流区划分为次级分区。山丘集水区主要依据流域和含水层岩性分布特征进一步划分，优先依据逐级流域进行划分，再依据岩性进行划分。平原区主要依据第四系地下水系统特征，根据山前构造导水性以及与山丘区地下水补给、径流、排泄（补、径、排）关系划分，华北平原等工作程度高的地区进一步依据了冲洪积扇、古河道等微地貌进行划分。南方长江流域、珠江流域等，以长江、珠江等一级河流的不同区段划分，结合流域划分为主线，西南诸河流域、东南诸河流域等以流域划分为主线；同时，对江汉–洞庭湖平原、鄱阳湖平原、珠江三角洲平原等重要平原区，以及东南沿海人口密集、具有重要供水意义的山间盆地单独划分，保证其完整性。

全国共划分一级区15个、二级区44个、三级区136个、四级区455个、五级区788个，江苏、陕西、湖北等研究程度高地区划分至六级。根据工作程度和地下水补、径、排条件分析的难易程度，选定了评价单元770个，其中地下水资源三级区5个、四级区221个、五级区526个，六级区18个（表2.1，附图1），并结合行政区边界、不同级别的TDS边界、水资源区边界等要素，划分了53895个评价单元子区。

表 2.1　各地下水资源一级区分区数量统计表　（单位：个）

序号	地下水资源一级区名称	一级区编号	二级区数量	三级区数量	四级区数量	五级区数量	评价单元数量	评价单元级次
1	松花江流域地下水资源区	GA	4	10	38	48	48	五级
2	辽河流域地下水资源区	GB	2	7	18	20	20	五级
3	海河流域地下水资源区	GC	2	13	68	68	68	四级
4	黄河流域地下水资源区	GD	4	11	31	109	109	五级
5	淮河流域地下水资源区	GE	3	6	13	41	13	四级
6	长江流域地下水资源区	GF	5	13	54	132	142	五、六级
7	东南诸河流域地下水资源区	GG	2	9	21	42	42	五级
8	珠江流域地下水资源区	GH	3	10	24	135	135	五级
9	西南诸河流域地下水资源区	GJ	4	8	23	23	23	四级
10	准噶尔盆地下水资源区	GKI	3	10	27	28	28	五级
11	塔里木盆地下水资源区	GKII	2	4	26	30	30	五级
12	羌塘内流河湖地下水资源区	GKIII	2	5	5	5	5	三级
13	河西走廊及北山地下水资源区	GKIV	3	11	46	46	46	四级
14	柴达木－青海湖盆地地下水资源区	GKV	2	5	27	27	27	四级
15	内蒙古高原地下水资源区	GKVI	3	14	34	34	34	四级
	合计		44	136	455	788	770	

第二节　地下水资源评价数据来源及处理方法

一、降水量评价数据来源与处理方法

本次评价，中国气象局提供了两套降水量数据，一是采用的600多个国家基准气象站降水量年值监测数据，即国家气候中心编制《中国气候公报》（2021年）的基础数据；二是

0.05°×0.05° 降水量逐月格网数据，即中国气象局短期气象分析和预报的基础数据。考虑到评价精度，本次降水量数据采用 0.05°×0.05° 降水量逐月格网数据，并补充收集了地方气象部门 1763 个气象站（表 2.2）点逐月、逐日数据和年降水等值线数据。

表 2.2　主要流域补充收集降水量数据的气象站点数量统计表（2021 年）

名称	数量 / 个
长江流域	857
珠江流域	321
海河流域	266
淮河流域和东南诸河流域	200
西北干旱内流盆地	119
合计	1763

评价结果显示（附表 1.1，附图 2），2021 年全国年降水量为 699.74mm，较 2020 年增加了 30.57mm；2021 年全国年降水量折合年降水资源量为 66183.23 亿 m^3，与 2020 年相比增加了 2891.34 亿 m^3，增幅为 4.57%；与多年平均年降水量（1956~2016 年）相比增加了 4562.71 亿 m^3，增幅为 7.40%；2000、2021 年全国降水量年均增加量为 3.06mm。2000~2021 年全国年降水量动态变化见图 2.1。

图 2.1　2000~2021 年全国年降水量动态变化图

从分区来看，2021 年北方地区平均年降水量为 415.88mm，是全国平均年降水量的 59.43%；折合年降水资源量为 25025.35 亿 m^3，占全国年降水资源量的 37.81%。其中，淮河流域平均年降水量在北方地区最大，达 1057.54mm，是北方地区平均年降水量的 2.5 倍，年降水资源量为 3303.80 亿 m^3，占北方地区年降水资源量的 13.20%；松花江流域年降水资源量在北方地区最大，达 6136.82 亿 m^3，占北方地区年降水资源量的 24.52%。羌塘内流河湖、柴达木－青海湖盆地、河西走廊、准噶尔盆地、塔里木盆地等内流盆地平均年降水量低于 300mm；柴达木－青海湖盆地年降水资源量在北方地区最小，仅 603.98 亿 m^3。南方地区平均年降水量为

1196.15mm，是全国平均年降水量的 1.71 倍；折合年降水资源量为 41157.87 亿 m³，占全国年降水资源量的 62.19%。东南诸河流域平均年降水量在全国最大，达 1738.13mm，年降水资源量为 4210.91 亿 m³；长江流域年降水资源量在全国最大，高达 19696.24 亿 m³，占全国年降水资源量的 29.76%；西南诸河流域平均年降水量在南方地区最小，为 1101.18mm。

二、地下水资源数量评价数据来源与处理方法

本次评价充分梳理总结近 70 年水文地质调查工作成果，包括 669 万 km² 的 1∶20 万水文地质调查成果、300 万 km² 的大型平原区和岩溶区 1∶25 万水文地质调查成果、275 万 km² 的 1∶10 万水文地质调查成果，以及 115 万 km² 的 1∶5 万水文地质调查成果，青藏高原等工作程度较低地区采用了 1∶100 万水文地质调查成果。全国使用了 47216 个有水文地质勘探孔资料，以及 20469 个国家地下水监测工程勘查数据和 56840 个地下水统测井调查数据，结合主要平原和山间盆地地下水流场，刻画了含水层分布及结构，构建了全国 770 个地下水资源评价单元水文地质概念模型，掌握了每个单元含水层结构与补、径、排条件，选定了评价参数与评价方法。

图 2.2 全国大江大河与大型水库实时水情监测点分布图

河川径流数据主要来源于水利部门共享的全国 1368 个大江大河实时水位与径流监测点数据（图 2.2），并在松辽流域、西南诸河流域补充收集了部分河川径流数据，在测流资源较丰富的珠江等流域建立了降水 – 径流关系曲线；水库蓄水量及库水位高程数据主要来源于水利部 784 个大型水库实时水情监测点数据（图 2.2）；渠系引水量、灌溉量等数据主要参照各级水资源公报。

地下水位数据来源于 20469 个国家地下水监测工程站点监测数据和 56840 个全国地下水统测点数据（表 2.3，图 2.3）。国家地下水监测工程站点数据经过了定期人工复核、异常数据剔除等整编处理。地下水位统测之前对每个统测点进行了详细调查，包括成井时间、井深、井结构、供水层位，并开展了地表和统测点高程测量，对每个统测点建立档案；在每个统测点，连续测量 3 次水位，取平均值作为水位数据，如数据差别较大则继续测量，直至数据差别较小。

表 2.3　全国地下水监测点统计表（2021 年）

名称	国家地下水监测工程站点 / 个			统测点 / 个	监测点总数 / 个
	自然资源部分	水利部分	小计		
松花江流域和辽河流域	1632	2121	3753	5831	9584
海河流域	1559	2323	3882	8761	12643
黄河流域	1635	1486	3121	6466	9587
淮河流域	1248	1616	2864	6394	9258
长江流域	1861	1231	3092	9156	12248
东南诸河流域	464	142	606	470	1076
珠江流域	761	353	1114	5065	6179
西南诸河流域	171	123	294	1200	1494
西北干旱内流盆地	840	903	1743	13497	15240
合计	10171	10298	20469	56840	77309

三、地下水质量评价数据来源与处理方法

地下水质量评价数据来源于国家地下水监测工程（自然资源部分）10171 个监测站点水质样品测试分析成果。

地下水质样品测试由获得国家质量认证和质量管理体系认证的测试机构完成，并通过了中国地质调查局组织的水质样品测试质量监控。

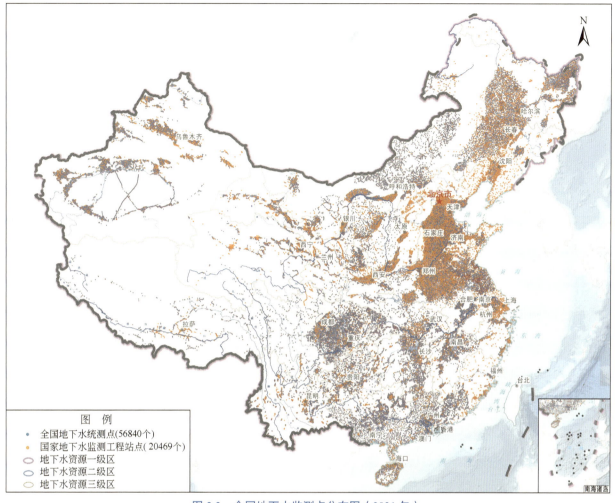

图 2.3　全国地下水监测点分布图（2021 年）

第三节　地下水资源评价方法

一、地下水资源量评价方法

山丘区一般采用排泄量法，在研究程度高的地区通过降水入渗补给量进行校核；平原区一般采用补给量法，并通过计算排泄量和储存量的变化量，利用均衡法进行校验。与以往一致，本次评价把西藏自治区、云南省、广西壮族自治区、贵州省、重庆市全部作为山丘区进行评价。

（一）山丘区地下水资源量评价方法

山丘区一般采用排泄量法，排泄量主要包括天然河川基流量、地下水开采净消耗量、山前河谷和非河谷的侧向排泄量、山前泉水溢出量和其他排泄量（包括矿坑排水净消耗量等），以总排泄量作为地下水资源量（$Q_{资源}$，即降水入渗补给量）。

$$Q_{资源}=Q_{基流量}+Q_{开采净消耗}+Q_{侧向排泄}+Q_{泉水溢出}+Q_{其他}$$

式中，$Q_{基流量}$为地下水补给河道形成的天然河川基流量，万 m^3；$Q_{开采净消耗}$为地下水开采净消耗量，万 m^3；$Q_{侧向排泄}$为山前河谷和非河谷的侧向排泄量，万 m^3；$Q_{泉水溢出}$为山前泉水溢出量，万 m^3；$Q_{其他}$为其他排泄量，万 m^3。

在以碳酸盐岩含水层为主的珠江流域等地的山丘区，地下水主要以岩溶泉或暗河等形式排泄。通过典型全排泄型岩溶泉和典型暗河长期的天然流量和降水量监测数据，以天然流量作为地下水资源量，反推降水入渗系数并进行合理性验证；类比至条件相似的岩溶泉和暗河流域，采用降水入渗系数法评价其地下水资源量。

（二）平原区地下水资源量评价方法

平原区一般采用补给量法计算，并通过计算排泄量和储存量的变化量，进行均衡校验。平原区补给量（$Q_{总补}$）主要包括降水入渗补给量、侧向补给量（包括山前河谷潜流、山前非河谷和平原）、地表水体（河道、水库、渠系、湖泊等）入渗补给量、田间入渗补给量（包括渠灌、井灌和泉灌）和其他补给量（包括城镇管网漏失、人工回灌等）。

$$Q_{总补}=Q_{降补}+Q_{侧补}+Q_{渗补}+Q_{田补}+Q_{其他补}$$

式中，$Q_{降补}$为降水入渗补给量，万 m^3；$Q_{侧补}$为侧向补给量（包括山前河谷潜流、山前非河谷和平原），万 m^3；$Q_{渗补}$为地表水体（包括河道、水库、渠系、湖泊等）入渗补给量，万 m^3；$Q_{田补}$为田间入渗补给量（包括渠灌、井灌和泉灌），万 m^3；$Q_{其他补}$为其他补给量（包括城镇管网漏失、人工回灌等），万 m^3。

平原区排泄量主要包括地下水开采量、潜水蒸发量、河道排泄量、湖库排泄量、泉流量、侧向流出量、城镇与工程建设排水量、矿坑排水量、越流排泄量等，具体计算方法见下文。

1. 补给量

1）降水入渗补给量

降水入渗补给量按下式计算：

$$P_r = 10^{-1} \times \alpha \times P \times F$$

式中，P_r 为降水入渗补给量，万 m^3；α 为降水入渗补给系数，无量纲；P 为年降水量，mm；F 为评价区面积，km^2。

（1）清江流域为长江流域典型的岩溶区，针对降水入渗补给系数获取困难、精度较低等问题，研究了"次降水量入渗系数法"，根据不同次降水过程规律求取岩溶泉域内不同降水的降水入渗补给系数，进而根据评价期内的有效降水量计算年地下水补给资源量，从而得到清江流域地下水资源五级区的降水入渗补给系数。主要原理（图2.4）及计算过程如下：

本次降水事件前的水文过程恢复：

$$Q_1' = Q_2 e^{-\beta t}$$

式中，Q_1' 为上次降水过程岩溶泉的衰减流量，L/s；Q_2 为上次降水衰减过程在本次流量衰减过程中的初始流量，L/s；β 为衰减系数，无量纲；t 为降水时间，s。

本次降水过程产生的降水入渗补给量为

$$P_{event2} = \int_{t_2}^{+\infty} (Q_2 + Q_2' - Q_1')dt$$

式中，P_{event2} 为本次降水过程产生的降水入渗补给量，L；t_2 为本次降水过程开始的时间，s；Q_2 为本次降水过程岩溶泉的实测流量，L/s；Q_2' 为本次降水过程岩溶泉的衰减流量，L/s。

本次降水过程产生的径流深度：

$$R_{event2} = \frac{P_{event2}}{F'} \times 10^{-6}$$

式中，R_{event2} 为本次降水过程产生的径流深度，mm；F' 为岩溶泉域的面积，km^2。

本次降水过程的降水入渗补给系数：

$$\alpha = \frac{P_{event2}}{F \cdot P_2} \times 10^{-6}$$

式中，α 为本次降水过程的降水入渗补给系数，无量纲；P_2 为本次降水过程的降水量，mm。

（2）在江汉平原，针对平原区水稻种植不同阶段地下水入渗补给的机理不同，提出了水稻生长期降水和灌溉入渗补给量的计算方法，并针对水稻与旱地作物轮作的特点，细化了

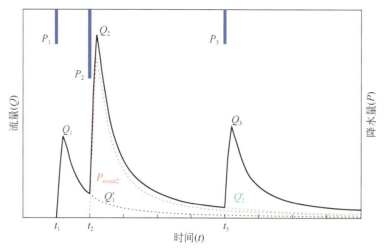

图 2.4 本次降水入渗过程原理示意图

同一区域年内不同作物种植时期的地下水入渗补给评价方法，具体方法如下：

水稻生长期的降水和灌溉入渗补给量：

$$Q_1 = \varphi t F_1 \times 10^{-1}$$

式中，Q_1 为水稻生长期的降水及灌溉入渗补给量，万 m^3；φ 为水稻生长期的入渗率，mm/d；t 为水稻生长天数（包括泡田期），d；F_1 为计算段内评价区水稻面积，km^2。

水稻旱作期的降水入渗补给量：

$$Q_2 = \alpha P F_1 \times 10^{-1}$$

式中，Q_2 为水稻旱作期的降水入渗补给量，万 m^3；P 为水稻旱作期的降水量，mm。

2）山前河谷潜流侧向补给量

根据河谷断面参数和两侧水位差，采用达西定律计算山前河谷潜流侧向补给量为

$$Q_{河谷侧补} = K \times B \times I$$

式中，$Q_{河谷侧补}$ 为山前河谷潜流侧向补给量，万 m^3；K 为含水岩层渗透系数，m/d；B 为过水断面面积，m^2；I 为水力坡度，无量纲。

3）山前非河谷侧向补给量

采用地下水动力学法，计算山前非河谷侧向补给量为

$$Q_{非河谷侧补} = 10^{-4} \times K \times I \times L \times m \times t \times \sin\theta$$

式中，$Q_{非河谷侧补}$ 为山前非河谷侧向补给量，万 m^3；K 为剖面位置的渗透系数，m/d；I 为垂直于计算断面的水力坡度，无量纲；L 为过水断面长度，m；m 为含水层厚度，m；t 为计算时间，d；θ 为地下水流向与断面夹角。

山前非河谷侧向补给量在侧渗断面参数未发生变化时也可采用比拟法计算，根据第二轮地下水资源评价中 1999 年河川基流量与本此计算 2021 年基流量的变化率乘以 1999 年山前侧向补给量。部分区域采用近年来调查评价的成果。

4）河道入渗补给量

河道入渗补给量采用水量平衡法计算。河道径流量采用收集的水文站实测径流，河道长度与宽度来源于第三次全国国土调查的成果；缺少河道入渗补给系数资料的河段，采用比拟法大致确定。河道入渗补给量计算可采用公式：

$$Q_{河渗补} = Q_{年径流} \times \alpha_河$$

式中，$Q_{河渗补}$ 为河道入渗补给量，万 m³；$Q_{年径流}$ 为河道上、下游水文站断面实测的年径流量差，万 m³；$\alpha_河$ 为河道入渗补给系数，无量纲。

5）水库入渗补给量

水库入渗补给量计算公式为

$$Q_{库渗补} = Q_{库容} \times \alpha_库$$

式中，$Q_{库渗补}$ 为水库入渗补给量，万 m³；$Q_{库容}$ 为水库库容，万 m³；$\alpha_库$ 为水库入渗补给系数，无量纲。

6）渠系入渗补给量

渠系是指干渠、支渠、斗渠、农渠、毛渠各级渠道的统称。渠系水位一般均高于其岸边的地下水位，故渠系水一般补给地下水。本次计算渠系入渗补给量采用下式：

$$Q_{渠渗补} = Q_{渠首引} \times \alpha_渠$$

式中，$Q_{渠渗补}$ 为渠系入渗补给量，万 m³；$Q_{渠首引}$ 为渠首引水量，万 m³；$\alpha_渠$ 为渠系入渗补给系数，无量纲。

$$\alpha_渠 = (1-\eta)\gamma$$

式中，η 为渠系水有效利用系数，无量纲；γ 为渠系渗漏修正系数，即渠系渗漏补给地下水水量与渠系损失水量的比值，无量纲。

7）渠灌田间入渗补给量

渠灌田间入渗补给量用下式计算：

$$Q_{渠灌田补} = \beta_{渠田} \times Q_{渠入田}$$

式中，$Q_{渠灌田补}$ 为渠灌田间入渗补给量，万 m³；$\beta_{渠田}$ 为渠灌田间入渗补给系数，无量纲；$Q_{渠入田}$

为渠灌水进入田间的水量，万 m³。

8）井灌田间入渗补给量

井灌田间入渗补给量用下式计算：

$$Q_{井灌田补}=\beta_{井田} \times Q_{井入田}$$

式中，$Q_{井灌田补}$ 为井灌田间入渗补给量，万 m³；$\beta_{井田}$ 为井灌田间入渗补给系数，无量纲；$Q_{井入田}$ 为井灌水进入田间的水量，万 m³。

9）泉灌田间入渗补给量

$$Q_{泉灌田补}=\beta_{泉田} \times Q_{泉入田}$$

式中，$Q_{泉灌田补}$ 为泉灌田间入渗补给量，万 m³；$\beta_{泉田}$ 为泉灌田间入渗补给系数，无量纲；$Q_{泉入田}$ 为泉水引灌进入田间的水量，万 m³。

2. 排泄量

1）地下水开采量

地下水开采量通过收集各地区最新水资源公报、水利年度报告等统计，研究程度较高的地区利用第三次全国国土调查数据统计土地利用类型，通过灌溉定额及灌溉水来源等相关数据进行核实。

2）潜水蒸发量

潜水蒸发量是指潜水在毛细管作用下，通过包气带岩土向上运动造成的蒸发量（包括棵间蒸发量和被植物根系吸收造成的叶面蒸腾蒸发量两个部分）。潜水蒸发量计算公式为

$$E_{g}=10^{-1} \times C \times E_{601} \times F$$

式中，E_g 为潜水蒸发量，万 m³；E_{601} 为水面蒸发量，采用 E601 型蒸发器的观测值或折算成 E601 的值，mm；C 为潜水蒸发系数，无量纲；F 为评价区面积，km²。部分地区依据收集到的实际蒸散发数据进行计算。

3）河道排泄量

当河道内河水位低于岸边地下水位时，河道排泄地下水，排泄的水量称为河道排泄量。河道排泄量计算公式为

$$Q_{河排}=10^{-4} \times K \times I \times F_{1} \times L \times t$$

式中，$Q_{河排}$ 为河道排泄量，万 m³；K 为剖面位置的渗透系数，m/d；I 为垂直于河道过水断面的水力坡度，无量纲；F_1 为单侧河每米河长过水断面面积，m²/m；L 为过水断面长度，m；

t 为计算时间，d。

4）湖库排泄量

湖库排泄量主要参考近年来各类水文地质与水资源调查等地质调查获取的湖库排泄量成果，计算公式参见水库入渗补给量的计算公式。

5）泉流量

泉流量以近年来开展的水文地质与水资源调查监测数据为主。

6）侧向流出量

以地下潜流形式流出评价区的水量称为侧向流出量。侧向流出量只评价排入荒漠区和境外的地下径流量，根据过水断面参数和两侧水位差，采用达西定律求得

$$Q_{测出} = K_1 \times B_1 \times I_1$$

式中，$Q_{测出}$ 为侧向流出量，万 m^3；K_1 为过水断面含水岩层渗透系数，m/d；B_1 为过水断面面积，m^2；I_1 为过水断面两侧水力坡度，无量纲。

7）城镇与工程建设排水量和矿坑排水量

城镇与工程建设排水量和矿坑排水量主要使用统计年鉴数据或相关企业统计数据。

8）越流排泄量

两个相邻含水层间的间隙层为弱透水层，两含水层水位不同时，高水位含水层中的地下水可透过间隙层补给低水位含水层，该补给量称为越流补给量或越流排泄量，采用地下水动力学法，按下式计算：

$$Q_{越流} = 10^2 \times K_{隔} \times \Delta h / m_{隔} \times F_{隔} \times t$$

式中，$Q_{越流}$ 为越流排泄量，万 m^3；$K_{隔}$ 为隔水层渗透系数，m/d；Δh 为隔水层两侧含水层水位（头）差，m；$m_{隔}$ 为隔水层厚度，m；$F_{隔}$ 为隔水层面积，m^2；t 为计算时间，d。

3. 山丘区与平原区重复量

山丘区与平原区重复量主要包括山盆间河道基流在平原区形成的补给量以及山前河谷潜流、山前非河谷的侧向补排量。

4. 地下水储变量

地下水储变量主要是浅层地下水储变量，是指评价单元年初浅层地下水储存量与年末浅层地下水储存量的差值。通常采用下式计算：

$$\Delta W = 10^{-2} \times (H_1 - H_2) \times \mu \times F$$

式中，ΔW 为浅层地下水储变量，万 m^3；H_1 为计算时段初地下水位，m；H_2 为计算时段末地下水位，m；μ 为地下水位变幅带给水度，无量纲；F 为计算区域面积，km^2。

5. 均衡校验

根据源汇项计算结果，对比储变量与补排差计算相对均衡差。若相对均衡差 >15%，依据蓄变量计算结果，调整水文地质参数，降低相对均衡差，直到相对均衡差绝对值 ≤ 15%，完成参数调整与均衡计算。

二、地下水质量评价方法

本次全国地下水质量监测指标共 37 项，依据《地下水质量标准》（GB/T 14848—2017），并综合考虑地下水水质天然背景和使用功能，选择 26 项指标进行评价，包括总硬度、溶解性总固体、硫酸盐、氯化物、铁、锰、铜、锌、铝、挥发性酚类、阴离子合成洗涤剂、耗氧量、氨氮、硫化物、钠等感官形状及一般化学指标共 15 种；亚硝酸盐、硝酸盐、氰化物、氟化物、碘化物、汞、砷、硒、镉、铬、铅等毒理学指标共 11 种。

按照《地下水质量标准》（GB/T 14848—2017），首先根据各指标的限值对地下水组分进行单指标质量分级，再采用综合评价方法进行综合质量分级，将地下水质量分为五类。

Ⅰ类：地下水化学组分含量低，适用于各种用途；

Ⅱ类：地下水化学组分含量较低，适用于各种用途；

Ⅲ类：地下水化学组分含量中等，主要适用于集中式生活饮用水水源及工农业用水；

Ⅳ类：地下水化学组分含量较高，以农业和工业用水质量要求以及一定水平的人体健康风险为依据，适用于农业和部分工业用水，适当处理后可作生活饮用水；

Ⅴ类：地下水化学组分含量高，不宜作生活饮用水水源，其他用水可根据使用目的的选用。

第四节 地下水资源评价参数更新及案例

一、评价参数更新与资料基础

山丘区地下水资源评价参数主要包括了基径比（ζ）、降水入渗补给系数（α）、径流模数（M）等。平原区包括降水入渗补给系数（α）、河道入渗补给系数（$\alpha_河$）、渠系入渗补给系数（$\alpha_渠$）、渠灌田间入渗补给系数（$\beta_渠田$）、井灌回归补给系数（β^*）、湖库入渗补给系数、渗透系数（K）、潜水蒸发系数（C）等。

本次评价以 21 世纪初完成的全国地下水资源评价采用的水文地质参数为基础，利用 2000 年以来 1：5 万水文地质调查、国家地下水监测工程、各地地下水勘探开发形成的专业勘探资料，以及北京通州、河北正定、河南郑州、新疆昌吉、安徽五道沟、广西丫吉等近 20 处水均衡试验场的参数研究成果，进行参数分区和更新，重点更新了降水入渗补给系数、渗透系数、渠系入渗补给系数、径流模数等，尤其是针对地下水埋深变化、包气带厚度增加对降水入渗补给系数的变化开展研究，更新评价参数。

尤其是收集了自然资源部第三次全国国土调查 2.95 亿个调查图斑国土利用数据，及其逐级缩编形成的 1：25 万全国国土调查成果数据。基于 GIS 平台，将全国各地市级土地利用类型数据进行合并和分割，形成 1~5 级地下水资源区、评价单元子区、参数分区的土地利用类型数据，用于地下水资源评价参数确定、重点地区地下水资源利用量校核、地下水资源量核算等工作内容。

二、海河流域平原区降水入渗补给系数更新案例

主要根据正定、衡水试验场降水、地下水埋深及水位动态监测等数据和相关研究成果，综合考虑降水特征（降水量、降水强度）、地形地貌、下垫面条件变化、土壤入渗性能变化

（包气带岩性、结构、厚度、土壤水含量）、地下水埋深条件变化等因素，研究和校核已有降水入渗补给系数，建立变化条件下的降水入渗补给系数系列。此外，还通过示踪试验和动态监测数据综合分析对降水入渗补给系数进行校核。

2021年，海河流域平原区平均降水量为898.82mm，为特丰水年。山前平原地下水位埋深普遍大于10m，按照第三次全国国土调查数据，包气带岩性以砂卵砾石、中粗砂为主，随着降水量增加、次降水前包气带含水率增加、降水消耗于包气带亏损减少，降水入渗补给系数有所增加（表2.4，图2.5）。年降水量大于700mm时趋于稳定，较多年平均为500~600mm时，降水入渗补给系数增加12.5%~17.7%。中东部平原包气带以黏土、亚黏土

表2.4　华北平原山前平原区降水入渗补给系数一览表

包气带岩性	降水量 /mm	降水入渗补给系数		
		地下水位埋深 <4m	地下水位埋深为 4~7m	地下水位埋深 >7m
亚黏土	400~500	—	—	0.14~0.16
	500~600	0.16~0.23	0.18~0.23	0.17~0.18
	600~700	0.19~0.26	0.22~0.26	0.21~0.22
亚砂土	400~500	0.12~0.21	0.17~0.21	0.15~0.17
	500~600	0.14~0.24	0.20~0.24	0.19~0.20
	600~700	0.16~0.28	0.24~0.28	0.22~0.24
粗砂、中细砂	400~500	0.12~0.21	0.19~0.21	0.18~0.19
	500~600	0.14~0.25	0.23~0.25	0.21~0.23
	600~700	0.15~0.28	0.25~0.28	0.21~0.25
砂卵砾石	400~700	—	0.60~0.65	

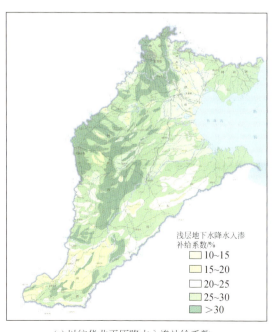

(a) 以往华北平原降水入渗补给系数

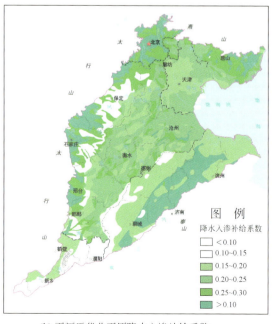

(b) 更新后华北平原降水入渗补给系数

图2.5　华北平原降水入渗系数更新对比图

等黏性土为主，厚度差异较大，在 3~10m。随着降水量增加、次降水前包气带含水率增加、降水消耗于包气带亏损减少，降水入渗补给系数有所增加；降水量大于 700mm 后，地下水浅埋区出现超渗产流或蓄满产流，降水入渗补给系数趋于稳定，较多年平均为 500~600mm 时，降水入渗补给系数增加 10%~15%。

第五节　地下水资源在线评价系统研发

基于"地质云"平台，研发了地下水资源在线评价系统，实现全国－流域－省三级在线协同评价，具有多种功能，为用户提供了地下水资源在线评价一站式服务，极大提升了评价工作效率和自动化水平。

一、水文地质概念模型动态构建与三维展示

地下水资源评价单元水文地质概念模型是识别评价单元源汇项，确定评价参数和评价方法的基础。在线评价系统支持以地下水资源评价单元为基本单元，建立评价单元水文地质概念模型，并根据水文地质水资源调查工作程度提升，对水循环规律认识的深入，实现对概念模型的动态更新维护；同时实现概念模型的三维立体化展示，提升用户对水文地质条件的认识及在线评价体验。

二、评价数据和参数分级管理

系统支持全国、流域、省、重点区域等不同级别技术人员上传评价数据与参数，独立开展评价，并在后期对差异化评价成果进行协同认定。因此在各级技术人员同步评价过程中，对同一区域、不同级别技术人员上传的不同参数和数据，实现分级管理与维护，保障评价过

程的独立性。

三、评价方法的自主选择与灵活配置

系统提供了大量的评价技术方法，如针对河川基流量计算提供了不同的基流分割方法和简单的基径比计算方法，针对河道、渠系等线性入渗补给量计算提供了水利统计学方法等，用户可根据数据掌握情况和评价习惯等，自主选择适宜的评价方法进行源汇项计算评价。

四、不同级次单元的评价与汇总结果的分级检验与智能校核

系统遵照用户对源汇项、山丘区与平原区等评价单元之间地下水资源量重复量的设定，根据各源汇项计算结果，自动进行不同级次、不同类型汇总单元的评价结果的汇总、校验，并将详细结果返回用户，便于用户修改。

五、评价全流程分级记录、查看、追溯

对不同级别用户的全部操作，包括评价单元选定与修改、水文地质概念模型构建、评价参数和评价数据上传与调整、评价方法选择与调整、源汇项计算、资源量提取汇总与合理性分析等评价全流程进行记录，便于用户针对评价结果的不合理及过程中评价过程中存在的问题等进行查看和追溯，最终获取合理的评价结果。

六、全国 – 流域 – 省三级评价的在线协同

系统支持评价的两种组织形式。其一如前文所述，系统支持不同级别用户独立开展评价，可查看相关用户使用的参数、数据和方法，并在分别得到评价结果后，各级用户在线协同确定最终的结果；其二是各级用户全流程协同开展评价，包括评价单元选定，参数、数据和评价方法的一致性等，形成最终结果。

第三章

地下水资源状况

第一节　全国地下水资源量

2021 年，全国地下水资源量为 9022.54 亿 m^3，平均地下水资源模数为 9.60 万 $m^3/(km^2 \cdot a)$（附表 1.2）。

一、山丘区和平原区地下水资源量

由于山丘区和平原区的补、径、排和储存条件以及计算方法不同，所以对分布于山丘区和平原的地下水资源量分别进行计算，在汇总时扣除山丘区与平原区地下水资源重复量。

山丘区地下水资源量大于平原区，而山丘区地下水资源模数小于平原。根据 2021 年评价结果，全国山丘区地下水资源量为 6850.40 亿 m^3，占全国地下水资源量的 73.93%，地下水资源模数为 9.44 万 $m^3/(km^2 \cdot a)$；全国平原区地下水资源量为 2415.14 亿 m^3，占全国地下水资源总量的 26.07%，地下水资源模数为 11.26 万 $m^3/(km^2 \cdot a)$；山丘区与平原区地下水资源重复量为 243.0 亿 m^3（表 3.1 和图 3.1）。

表 3.1　山丘区和平原区地下水资源量表

地区	地下水资源量 / 亿 m^3	地下水资源量占比 /%	地下水资源模数 /[万 $m^3/(km^2 \cdot a)$]
山丘区	6850.40	73.93	9.44
平原区	2415.14	26.07	11.26
山丘区与平原区地下水资源重复量	243.00	—	—
全国	9022.54	100.00	9.60

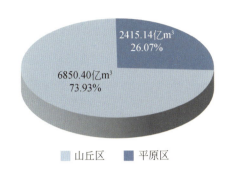

图 3.1　全国山丘区与平原区地下水资源量占比图

二、南方地区和北方地区地下水资源量

秦岭-淮河一线不仅是我国自然地理分界,也是我国地下水资源形成和分布南北差异的分界线,此线以北包括松花江流域、辽河流域、海河流域、黄河流域、淮河流域、河西走廊及北山、柴达木-青海湖盆地、准噶尔盆地、塔里木盆地、羌塘内流河湖以及内蒙古高原11个地下水资源一级区,同时本次评价将北京、天津、河北、山西、内蒙古、辽宁、吉林、黑龙江、山东、河南、陕西、甘肃、青海、宁夏、新疆等15个省(自治区、直辖市)划为北方省份;南方地区包括长江流域、东南诸河流域、珠江流域、西南诸河流域4个地下水资源一级区,并将上海、江苏、浙江、安徽、福建、江西、湖北、湖南、广东、广西、海南、重庆、四川、贵州、云南、西藏、台湾、香港、澳门等19个省(自治区、直辖市)划为南方省份。

2021年,南方地区地下水资源量为5950.52亿 m^3,占全国地下水资源量的65.95%,地下水资源模数为17.30万 $m^3/(km^2 \cdot a)$;北方地区地下水资源量为3072.02亿 m^3,占全国地下水资源量的34.05%,地下水资源模数为5.15万 $m^3/(km^2 \cdot a)$,不足南方地区地下水资源模数的1/3(表3.2和图3.2)。

表 3.2　南方地区和北方地区地下水资源量统计表

地区	地下水资源量 / 亿 m^3	地下水资源量占比 /%	地下水资源模数 /[万 $m^3/(km^2 \cdot a)$]
南方地区	5950.52	65.95	17.30
北方地区	3072.02	34.05	5.15
全国	9022.54	100.00	9.60

图 3.2　南方地区和北方地区地下水资源量占比图

（一）南方地区

2021 年，南方地区山丘区地下水资源量为 5225.89 亿 m^3，占南方地区地下水资源量的 87.76%，地下水资源模数为 16.40 万 $m^3/(km^2 \cdot a)$；平原区地下水资源量为 728.95 亿 m^3，占南方地区地下水资源量的 12.24%，地下水资源模数为 28.76 万 $m^3/(km^2 \cdot a)$（表 3.3 和图 3.3）。

表 3.3　南方地区山丘区和平原区地下水资源量统计表

地区	地下水资源量 / 亿 m^3	地下水资源量占比 /%	地下水资源模数 /[万 $m^3/(km^2 \cdot a)$]
山丘区	5225.89	87.76	16.40
平原区	728.95	12.24	28.76
山丘区与平原区重复量	4.32	—	—
南方地区	5950.52	100.00	17.30

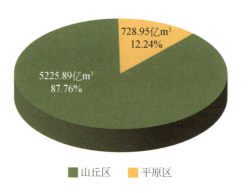

图 3.3　南方地区山丘区和平原区地下水资源量占比图

（二）北方地区

2021 年，北方地区山丘区地下水资源量为 1624.51 亿 m³，占北方地区地下水资源量的 49.06%，地下水资源模数为 3.99 万 m³/(km²·a)；平原区地下水资源量为 1686.19 亿 m³，占北方地区地下水资源量的 50.94%，地下水资源模数 8.91 万 m³/(km²·a)；山丘区和平原区地下水资源重复量为 238.68 亿 m³（表 3.4 和图 3.4）。

表 3.4　北方地区山丘区和平原区地下水资源量统计表

地区	地下水资源量 / 亿 m³	地下水资源量占比 /%	地下水资源模数 /[万 m³/(km²·a)]
山丘区	1624.51	49.06	3.99
平原区	1686.19	50.94	8.91
山丘区与平原区重复量	238.68	—	—
北方地区	3072.02	100.00	5.15

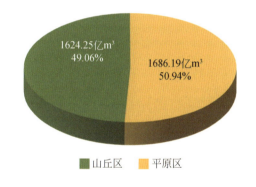

图 3.4　北方地区山丘区与平原区地下水资源量占比

三、不同含水介质地下水资源量

对全国不同含水层介质地下水资源量进行分类统计（表 3.5 和图 3.5），结果表明我国地下水类型以裂隙水为主，孔隙水和岩溶水资源量相当。

孔隙水主要分布于平原、山间盆地和大型河谷平原的第四系含水岩层之中，评价结果表明，孔隙水地下水资源量为 2537.15 亿 m³，占全国地下水资源量的 28.12%。

裂隙水主要分布在山地和丘陵地区，含水层主要为碎屑岩、变质岩和岩浆岩等。评价结果表明，裂隙水地下水资源量为 4033.10 亿 m³，占全国地下水资源量的 44.70%。

岩溶水主要分布在我国西南地区，碳酸盐岩层厚度大、分布广、质纯，岩溶发育强烈。评价结果表明，岩溶水地下水资源量为 2452.29 亿 m³，占全国地下水资源量的 27.18%。

表 3.5　三大类含水介质地下水资源量统计表

含水介质类型	孔隙水	裂隙水	岩溶水	合计
地下水资源量 / 亿 m³	2537.15	4033.10	2452.29	9022.54
地下水资源量占比 /%	28.12	44.70	27.18	100.00

图 3.5　三大类含水介质地下水资源量占比图

（一）南方地区

南方地区地下水资源以基岩裂隙水和岩溶水为主，松散岩类孔隙水分布较少。松散岩类孔隙水地下水资源量为 953.88 亿 m³，占南方地区地下水资源量的 16.03%；裂隙水地下水资源量为 2684.59 亿 m³，占比为 45.12%；岩溶水地下水资源量为 2312.05 亿 m³，占比为 38.85%（表 3.6 和图 3.6）。

表 3.6　南方地区不同含水介质地下水资源量统计表

含水介质类型	孔隙水	裂隙水	岩溶水	合计
地下水资源量 / 亿 m³	953.88	2684.59	2312.05	5950.52
地下水资源量占比 /%	16.03	45.12	38.85	100.00

图 3.6　南方地区不同含水介质地下水资源量占比图

（二）北方地区

北方地区地下水资源以孔隙水和基岩裂隙水为主，岩溶水分布极少。松散岩类孔隙水地下水资源量为 1583.27 亿 m³，占北方地区地下水资源量的 51.54%；裂隙水地下水资源量为 1348.51 亿 m³，占比为 43.90%；岩溶水地下水资源量为 140.24 亿 m³，占比为 4.57%（表 3.7 和图 3.7）。

表 3.7　北方地区不同类型地下水资源量统计表

含水介质类型	孔隙水	裂隙水	岩溶水	合计
地下水资源量 / 亿 m³	1583.27	1348.51	140.24	3072.02
地下水资源量占比 /%	51.54	43.90	4.57	100

图 3.7　北方地区不同含水介质地下水资源量占比图

第二节　地下水资源一级区地下水资源量

一、地下水资源量

如图 3.8 和附图 3 所示，在北方地区的 11 个地下水资源一级区中，松花江流域地下水资源量最大，为 567.80 亿 m³，占北方地区地下水资源量的 18.48%，占全国地下水资源量的 6.29%；淮河流域、黄河流域、海河流域地下水资源量超过 300 亿 m³，分别为 526.69 亿 m³、477.16

亿 m³、384.82 亿 m³，分别占北方地区地下水资源量的 17.14%、15.53% 和 12.53%，分别占全国地下水资源量的 5.84%、5.29% 和 4.27%；内蒙古高原、柴达木 – 青海湖盆地和河西走廊及北山三个一级区地下水资源量不足 100 亿 m³，分别为 51.83 亿 m³、58.36 亿 m³ 和 59.85 亿 m³，分别仅占全国地下水资源量的 0.57%、0.65% 和 0.66%。如图 3.9 所示淮河流域、海河流域地下水资源模数较大。其中，淮河流域地下水资源模数在北方最大，达 16.86 万 m³/(km²·a)，约为北方地下水资源模数 [5.15 万 m³/(km²·a)] 的 3.27 倍；海河流域地下水资源模数也达到了 12.08 万 m³/(km²·a)；其余地下水资源一级区地下水资源模数均小于 10 万 m³/(km²·a)，其中河西走廊及北山、内蒙古高原地下水资源量不足 2 万 m³/(km²·a)，分别仅 1.15 万 m³/(km²·a) 和 1.79 万 m³/(km²·a)，河西走廊及北山地下水资源模数全国最低，不足北方地区地下水资源模数的 1/2。

如图 3.8 所示，在南方地区的 4 个地下水资源一级区中，长江流域地下水资源量全国最大，达 2436.88 亿 m³，占南方地区地下水资源量的 40.95%，占全国地下水资源量的 27.01%。珠江流域、西南诸河流域地下水资源量超过 1000 亿 m³，分别为 1594.47 亿 m³ 和 1374.09 亿 m³，分别占南方地区地下水资源量的 26.80% 和 23.09%，分别占全国地下水资源量的 17.67% 和 15.23%；东南诸河流域（含台湾岛）地下水资源量在南方最小，为 545.09 亿 m³，仅占南方地区地下水资源量的 9.16%（图 3.8）。如图 3.9 所示南方地区各一级区地下水资源模数均超过 10 万 m³/(km²·a)，其中，珠江流域地下水资源模数全国最大，达 27.40 万 m³/(km²·a)，为全国均值的 2.85 倍；东南诸河地下水资源模数也达到 22.50 万 m³/(km²·a)；西南诸河流域、长江流域地下水资源模数分别为 16.15 万 m³/(km²·a) 和 13.81 万 m³/(km²·a)。

如图 3.8 所示，地下水开发利用程度较高的全国 17 个主要平原盆地（表 3.8，附表 1.3，附图 4）地下水资源量为 1915.98 亿 m³，占全国平原区地下水资源量的 79.33%。17 个主要平原盆地中 13 个位于北方地区，地下水资源量为 1564.61 亿 m³，占全国主要平原盆地地下水资源量的 81.66%；南方地区 4 个主要平原盆地区地下水资源量为 351.37 亿 m³，占比为 18.34%。

在北方地区 13 个平原盆地中，黄淮平原、华北平原地下水资源量较大，分别达 341.49 亿 m³ 和 245.12 亿 m³，地下水资源模数分别为 16.30 万 m³/(km²·a) 和 17.75 万 m³/(km²·a)。辽河平原地下水资源模数在北方地区最大，达 19.28 万 m³/(km²·a)。河西走廊、河套平原、银川平原地下水资源量不足 40 亿 m³，其中银川平原仅 11.96 亿 m³。河西走廊地下水资源模数全国最小，仅 2.32 万 m³/(km²·a)。

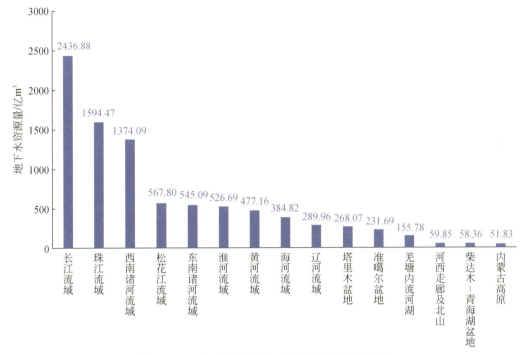

图 3.8　2021 年地下水资源一级区地下水资源量图

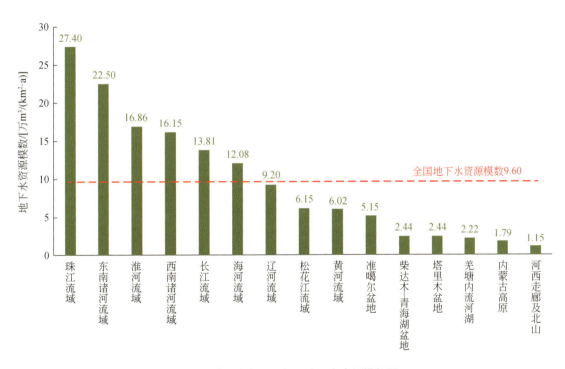

图 3.9　地下水资源一级区地下水资源模数图

　　在南方地区 4 个平原盆地中，四川盆地地下水资源量最大，为 125.80 亿 m³，但其地下水资源模数在南方地区最小，仅 5.41 万 m³/(km²·a)；珠江三角洲平原地下水资源模数全国最大，为 26.11 万 m³/(km²·a)。

表 3.8　全国 17 个主要平原盆地地下水资源量表

序号	平原盆地名称	面积 / 万 km²	地下水资源量 / 亿 m³	地下水资源模数 /[万 m³/(km²·a)]
1	松嫩平原	18.21	186.62	10.25
2	辽河平原	9.75	188.07	19.28
3	三江平原	4.10	58.16	14.19
4	华北平原	13.81	245.12	17.75
5	黄淮平原	20.95	341.49	16.30
6	鄂尔多斯盆地	14.65	65.66	4.48
7	河套平原	2.87	33.64	11.73
8	银川平原	0.75	11.96	16.03
9	汾渭盆地	3.70	43.47	11.75
10	准噶尔盆地	12.99	128.05	9.86
11	塔里木盆地	56.37	175.08	3.11
12	河西走廊	16.45	38.15	2.32
13	柴达木盆地	11.91	49.14	4.13
	北方地区小计	186.51	1564.61	8.39
14	四川盆地	23.24	125.80	5.41
15	江汉 – 洞庭湖平原	6.62	109.19	16.49
16	长江三角洲平原	4.78	45.77	9.57
17	珠江三角洲平原	2.70	70.61	26.11
	南方地区小计	37.34	351.37	9.41
	合计	223.85	1915.98	8.56

二、不同含水介质地下水资源量

如表 3.9 所示，北方地区地下水资源一级区中，孔隙水占比较高，除羌塘内流河湖外，各一级区孔隙水地下水资源量占比均超过 44%，柴达木 – 青海湖盆地、淮河流域、海河流域、辽河流域孔隙水地下水资源量占比超过 60%，其中柴达木 – 青海湖盆地达到了 75.91%；羌塘内流河湖均为基岩裂隙水，准噶尔盆地、松花江流域、河西走廊及北山、黄河流域、塔里木盆地基岩裂隙水资源量占比超过 50%；海河流域岩溶水地下水资源量占比为 20.77%，其余一级区占比均在 11% 以下。

南方地区以基岩裂隙水和岩溶水为主，分别占全国的 66.56% 和 94.28%。东南诸河流域、西南诸河流域、长江流域基岩裂隙水占比分别为 82.12%、72.25% 和 36.41%，分别占全国基岩裂隙水资源量的 11.10%、24.61% 和 22.00%。珠江流域、长江流域岩溶水占比分别为 57.89% 和 46.96%，分别占全国岩溶水资源量的 37.64% 和 46.67%（表 3.9）。

表 3.9　地下水资源一级区不同类型地下水资源量一览表

编号	地下水资源一级区名称	孔隙水		基岩裂隙水		岩溶水	
		地下水资源量 / 亿 m³	占比 /%	地下水资源量 / 亿 m³	占比 /%	地下水资源量 / 亿 m³	占比 /%
GA	松花江流域地下水资源区	269.04	47.38	298.76	52.62	—	—
GB	辽河流域地下水资源区	177.26	61.13	112.24	38.71	0.46	0.16
GC	海河流域地下水资源区	244.22	63.46	60.66	15.76	79.95	20.77
GD	黄河流域地下水资源区	173.60	36.38	266.54	55.86	37.02	7.76
GE	淮河流域地下水资源区	380.23	72.19	129.75	24.64	16.71	3.17
GK I	准噶尔盆地地下水资源区	103.42	44.64	128.27	55.36	—	—
GK II	塔里木盆地地下水资源区	133.89	49.95	134.18	50.05	—	—
GK III	羌塘内流河湖地下水资源区	—	—	155.78	100.00	—	—
GK IV	河西走廊及北山地下水资源区	28.70	47.95	31.16	52.05	—	—
GK V	柴达木－青海湖盆地地下水资源区	44.30	75.91	7.96	13.64	6.10	10.45
GK VI	内蒙古高原地下水资源区	28.61	55.19	23.22	44.81	—	—
	北方地区小计	1583.27	51.54	1348.51	43.90	140.24	4.57
GF	长江流域地下水资源区	405.35	16.63	887.15	36.41	1,144.38	46.96
GG	东南诸河流域地下水资源区	95.64	17.55	447.62	82.12	1.82	0.33
GH	珠江流域地下水资源区	314.40	19.72	357.08	22.39	922.99	57.89
GJ	西南诸河流域地下水资源区	138.49	10.08	992.74	72.25	242.86	17.67
	南方地区小计	953.88	16.03	2684.59	45.12	2312.05	38.85
	全国合计	2537.15	28.12	4033.10	44.70	2452.29	27.18

注：“—”表示无该类含水介质地下水资源量。

第三节　省级行政区地下水资源量

一、地下水资源量

如图 3.10、附表 1.4 和附图 5 所示，北方地区各省中，新疆地下水资源量最大，为 506.58 亿 m³，占北方地区地下水资源量的 16.49%，占全国地下水资源量的 5.61%；内蒙古、黑龙江、河南、河北地下水资源量在 200 亿 m³ 以上，分别为 373.23 亿 m³、341.48 亿 m³、264.12 亿 m³ 和 209.73 亿 m³，分别占全国地下水资源量的 4.14%、3.78%、2.92% 和 2.32%，其余省份地下水资源量多在 100 亿~200 亿 m³；地下水资源量较小的北京、天津、宁夏地下水资源量仅为 33.77 亿 m³、11.79 亿 m³、16.76 亿 m³，分别占全国地下水资源量的 0.37%、0.13% 和 0.19%。如图 3.11 所示，北京地下水资源模数北方最大，为 20.60 万 m³/(km²·a)，天津、河北、山东、河南、辽宁等地下水资源模数在 10 万 m³/(km²·a) 以上；甘肃、内蒙古、宁夏、青海、新疆等地下水资源模数不足 5 万 m³/(km²·a)，甘肃地下水资源模数全国最小，仅 2.92

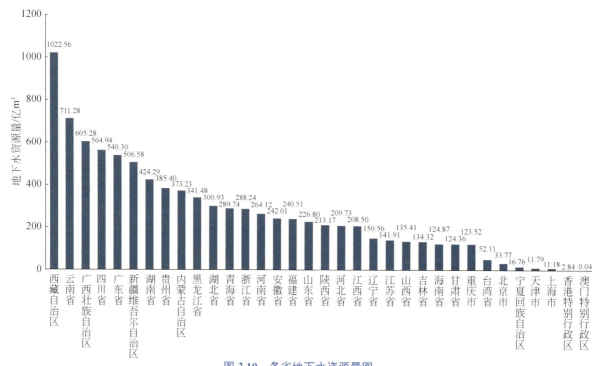

图 3.10　各省地下水资源量图

万 m³/(km²·a)。

如图 3.10 所示，南方地区各省中，西藏、云南、广西、四川、广东地下水资源量超过 500 亿 m³，分别为 1022.56 亿 m³、711.28 亿 m³、605.28 亿 m³、564.94 亿 m³、540.30 亿 m³，分别占全国地下水资源量的 11.33%、7.88%、6.71%、6.26% 和 5.99%，合计占比为 38.18%。海南地下水资源模数全国最大，达到 36.76 万 m³/(km²·a)。

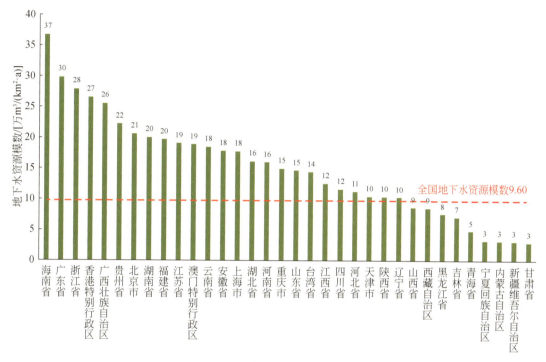

图 3.11　各省地下水资源模数图

二、不同含水介质地下水资源量

由表 3.10 可知，在北方地区各省中，华北、东北地区各省孔隙水地下水资源量占比多在 50% 以上，西北地区各省基岩裂隙水地下水资源量省内占比多在 50% 以上，除山西外岩溶水分布均较少。孔隙水主要分布在新疆、黑龙江、内蒙古和河南，地下水资源量分别为 237.23 亿 m³、191.46 亿 m³、189.20 亿 m³ 和 184.92 亿 m³，占全国孔隙水地下水资源量的比例均在 5% 以上，合计占比为 31.00%。基岩裂隙水主要分布在新疆、内蒙古、青海和黑龙江，地下水资源量分别为 268.06 亿 m³、181.50 亿 m³、152.55 亿 m³ 和 150.01 亿 m³，占全国基岩裂隙水地下水资源量的比例分别为 6.65%、4.50%、3.78% 和 3.72%。

由表 3.10 可知，南方地区各省除江苏、湖北、湖南、重庆、广东、广西、贵州、云南外，基岩裂隙水地下水资源量占比均在 50% 以上；贵州、重庆、广西、湖南岩溶水地下水资源量占比均超过 60%。

表 3.10　省级行政区不同类型地下水资源量一览表

序号	省（自治区、直辖市）名称	孔隙水		基岩裂隙水		岩溶水	
		地下水资源量/亿 m³	占比/%	地下水资源量/亿 m³	占比/%	地下水资源量/亿 m³	占比/%
1	北京市	21.36	63.25	5.10	15.09	7.32	21.66
2	天津市	10.65	90.36	0.29	2.43	0.85	7.22
3	河北省	133.26	63.54	46.19	22.02	30.28	14.44
4	山西省	40.45	29.87	46.78	34.55	48.18	35.58
5	内蒙古自治区	189.20	50.69	181.50	48.63	2.53	0.68
6	辽宁省	80.62	53.55	69.48	46.15	0.46	0.30
7	吉林省	69.87	52.02	64.45	47.98	—	—
8	黑龙江省	191.46	56.07	150.01	43.93	—	—
9	上海市	11.18	100	—	—	—	—
10	江苏省	128.84	90.79	11.48	8.09	1.59	1.12
11	浙江省	35.81	12.43	252.42	87.57	—	—
12	安徽省	168.75	69.73	58.64	24.23	14.62	6.04
13	福建省	25.94	10.79	212.74	88.45	1.82	0.76
14	江西省	42.00	20.14	136.18	65.31	30.32	14.54
15	山东省	126.14	55.62	83.94	37.01	16.71	7.37
16	河南省	184.92	70.01	60.95	23.08	18.25	6.91
17	湖北省	97.31	32.34	97.73	32.48	105.89	35.19
18	湖南省	38.55	9.09	130.83	30.83	254.91	60.08
19	广东省	213.08	39.44	182.20	33.72	145.02	26.84
20	广西壮族自治区	60.81	10.05	57.48	9.50	486.99	80.46
21	海南省	37.63	30.13	87.24	69.87	—	—
22	重庆市	0.45	0.36	10.41	8.43	112.66	91.21
23	四川省	49.51	8.76	288.38	51.05	227.05	40.19
24	贵州省	0.04	0.01	18.60	4.83	366.76	95.16
25	云南省	55.15	7.75	344.44	48.43	311.69	43.82
26	西藏自治区	87.67	8.57	812.57	79.46	122.32	11.96
27	陕西省	39.13	18.36	118.10	55.40	55.94	26.24
28	甘肃省	22.54	18.13	67.59	54.35	34.23	27.53
29	青海省	82.58	28.50	152.55	52.65	54.61	18.85
30	宁夏回族自治区	13.88	82.84	2.88	17.16	—	—

序号	省（自治区、直辖市）名称	孔隙水		基岩裂隙水		岩溶水	
		地下水资源量/亿 m³	占比 /%	地下水资源量/亿 m³	占比 /%	地下水资源量/亿 m³	占比 /%
31	新疆维吾尔自治区	237.23	46.83	268.06	52.92	1.28	0.25
32	台湾省	38.24	73.38	13.87	26.62	—	—
33	香港特别行政区	2.84	100	—	—	—	—
34	澳门特别行政区	0.04	100	—	—	—	—
	全国合计	2537.15	28.12	4033.10	44.70	2452.29	27.18

注："—"表示无该类含水介质地下水资源量。

第四节 年度地下水储存量变化量

一、全国地下水储存量变化

2021 年 12 月与上年同期相比，全国地下水储存量净增加 400.25 亿 m³，其中浅层地下水储存量净增加 382.39 亿 m³，深层地下水储存量净增加 17.86 亿 m³（附图 6）。9 个流域中，松辽流域、海河流域、黄河流域、淮河流域、东南诸河流域、西南诸河流域地下水储存量增加，增加量分别是 141.56 亿 m³、210.9 亿 m³、1.68 亿 m³、77.28 亿 m³、3.81 亿 m³ 和 22.76 亿 m³；长江流域、珠江流域、西北干旱内流盆地下水储存量减少，分别减少 13.00 亿 m³、3.26 亿 m³ 和 41.48 亿 m³（表 3.11）。

表 3.11 12 月同比流域浅层和深层地下水储存量变化一览表（2020~2021 年）

序号	流域名称	浅层地下水储存量变化量/亿 m³	深层地下水储存量变化量/亿 m³	储存量变化量合计/亿 m³
1	松辽流域	139.37	2.19	141.56
2	海河流域	192.69	18.21	210.9
3	黄河流域	1.16	0.52	1.68

序号	流域名称	浅层地下水储存量变化量 /亿 m³	深层地下水储存量变化量 /亿 m³	储存量变化量合计 /亿 m³
4	淮河流域	77.09	0.20	77.28
5	长江流域	−13.00	—	−13.00
6	东南诸河流域	3.81	—	3.81
7	珠江流域	—	−3.26	−3.26
8	西南诸河流域	22.76	—	22.76
9	西北干旱内流盆地	−41.48	—	−41.48
	合计	382.39	17.86	400.25

注：正值表示储存量增加，负值表示储存量减少；"—"表示未评价该层位地下水储存量变化量。

17 个主要平原盆地地下水储存量净增加 408.34 亿 m³，其中浅层地下水储存量净增加 381.94 亿 m³，深层地下水储存量净增加 26.40 亿 m³。北方地区 13 个平原盆地地下水储存量净增加 396.28 亿 m³，其浅层地下水储存量净增加 375.15 亿 m³，深层地下水储存量净增加 21.13 亿 m³。地下水储存量增加的有 6 个平原，其中，华北平原、辽河平原、黄淮平原和松嫩平原地下水储存量增加较多，分别增加了 210.90 亿 m³、121.48 亿 m³、83.95 亿 m³ 和 63.30 亿 m³，以浅层地下水储存量增加为主。作为地下水超采最严重的华北平原，地下水储存量年度增加明显主要是受降水增加影响，外加南水北调水源置换、河湖生态补水等因素，浅层地下水储存量增加 192.69 亿 m³，深层增加 18.21 亿 m³，其中单受 7 月强降水影响，地下水储存量增加约 170 亿 m³。华北平原深层地下水储存量增加量全国最大，达 18.21 亿 m³。地下水储存量减少的有 7 个平原盆地，其中，三江平原、鄂尔多斯盆地、河西走廊、准噶尔盆地减少量较大，分别减少了 38.95 亿 m³、18.36 亿 m³、15.55 亿 m³ 和 13.31 亿 m³，均为浅层地下水，地下水储存量减少最大的三江平原主要是受灌溉期降水量明显减少的影响。南方地区 4 个平原盆地地下水储存量净增加 12.06 亿 m³，其中浅层地下水储存量净增加 6.79 亿 m³，深层地下水储存量净增加 5.27 亿 m³。四川盆地、长江三角洲平原和珠江三角洲平原地下水储存量增加，分别增加了 18.70 亿 m³、1.95 亿 m³ 和 4.00 亿 m³；江汉 – 洞庭湖平原地下水储存量减少 12.59 亿 m³（表 3.12）。

表 3.12 12 月同比 17 个主要平原盆地地下水储存量变化一览表（2020~2021 年）

序号	主要平原盆地	浅层地下水储存量变化量 /亿 m³	深层地下水储存量变化量 /亿 m³	储存量变化量合计 /亿 m³
1	松嫩平原	61.10	2.20	63.30
2	辽河平原	121.48	—	121.48
3	三江平原	−38.95	—	−38.95

序号	主要平原盆地	浅层地下水储存量变化量 /亿 m³	深层地下水储存量变化量 /亿 m³	储存量变化量合计 /亿 m³
4	华北平原	192.69	18.21	210.90
5	黄淮平原	83.75	0.20	83.95
6	鄂尔多斯盆地	−18.36	—	−18.36
7	河套平原	−5.61	—	−5.61
8	银川平原	−1.41	—	−1.41
9	汾渭盆地	15.93	0.52	16.45
10	准噶尔盆地	−13.31	—	−13.31
11	塔里木盆地	−6.80	—	−6.80
12	河西走廊	−15.55	—	−15.55
13	柴达木盆地	0.19	—	0.19
	北方地区合计	375.15	21.13	396.28
14	四川盆地	18.70	—	18.70
15	江汉 – 洞庭湖平原	−13.76	1.17	−12.59
16	长江三角洲平原	1.85	0.10	1.95
17	珠江三角洲平原	—	4.00	4.00
	南方地区合计	6.79	5.27	12.06
	全国合计	381.94	26.40	408.34

注：正值表示储存量增加，负值表示储存量减少；"—"表示未评价该层位地下水储存量变化量。

二、典型地区地下水储存量变化

尽管全国主要平原盆地地下水储存量总体增加，但在部分典型地区地下水开采引起水位下降及储存量减少。

近几年地下水调查监测显示，黄淮平原的豫东皖西北地区存在一处深层地下水明显下降区，主要位于周口市东部、商丘市西部、阜阳市北部等区域，地下水下降的主要原因是当地缺少地表饮用水源，需开采深层地下水用于城镇生活供水。2019~2021 年，该地区地下水呈持续下降态势，下降区总面积约 9746 km²，区内地下水位三年累计平均下降 4.87m，年均下降 1.62m，储存量累计亏空 4555 万 m³，其中 2021 年下降 0.62m，储存量亏空 602 万 m³。下降区内已形成两个区域性地下水降落漏斗，面积达 4948km²，较上年同期增加 31km²，其中民权宁陵漏斗向北方向略有扩展，阜阳太和漏斗空间范围上向东略有扩展，深层地下水持续下降已诱发地面沉降，相关监测数据显示，2021 年该区域地面沉降区面积约 2240km²。

毛乌素沙地位于我国北方干旱 – 半干旱的农牧交错地带，过去几十年该地区持续推进防沙治沙和国土绿化工作。2019 年以来，区域地下水位总体保持稳定，随降水年际变化而呈周期波动，地下水位年际变化小于 1m，但局部地区受过量开采影响，形成地下水位明显下降区。

一是，沙地西南部的陕西风沙滩区，以地下水灌溉为主的水浇地由 2009 年的 1110km² 快速增加到 2019 年的 1900km²，区域地下水开采力度持续加大，形成以靖边县东坑镇和定边县白泥井镇为中心的两个地下水超采漏斗区，下降区面积达 319 km²，平均水位较 2010 年下降约 5m，近 20 年来两个漏斗中心年均水位下降分别为 0.5m 和 0.2m。二是，沙地中西部的内蒙古乌审旗和鄂托克前旗，在连片地下水农灌区和集中供水水源地区共形成 205 km² 地下水位明显下降区，2019 年以来年均水位下降 0.7m，其中 2020~2021 年水位下降 0.86m、储存量减少 1446 万 m³。

第三次全国国土调查与第二次全国土地调查数据显示，近 20 年新疆耕地面积增加了 2873 万亩[①]。由于耕地增加，农业开采地下水量增加近 1 倍。降水量增加对改善新疆地下水超采作用不大，目前已累计形成 2.38 万 km² 地下水明显下降区。准噶尔盆地天山北麓的玛纳斯 – 呼图壁、沙湾、乌苏、吉木萨尔 – 奇台、柴窝堡等地形成 6 处地下水明显下降区，面积约 1.58 万 km²，储存量累计减少 333 亿 m³，近三年地下水位下降趋缓，面积增加约 186.5 km²，储存量减少约 15.42 亿 m³；2021 年下降区地下水位下降约 0.05m，面积增加约 101.4 km²，储存量减少约 13.31 亿 m³。塔里木盆地天山南麓平原区的和硕县、库尔勒市、沙雅县，以及昆仑山北麓的墨玉县、伽师县等地形成 7 处地下水明显下降区，面积约 0.81 万 km²，储存量累计减少约 257 亿 m³，近三年地下水下降区水位下降约 1.10m，面积增加约 395 km²，储存量减少约 2.12 亿 m³；2021 年下降区水位下降约 0.40m，面积增加约 178 km²，储存量减少约 0.87 亿 m³。地下水超采治理实施后，近三年新疆地下水位下降态势趋缓，但超采依然严峻。

第五节　地下水战略储备区研究

按照"存得入、蓄得住、储量大、水质好"的原则，综合考虑国家主要含水层分布、储蓄空间、

---

① 1 亩≈ 666.67m²。

补水条件、水质状况等因素，在分布于燕山－太行山山前带、松嫩山前倾斜平原区、三江平原中西部地区、鄂尔多斯盆地中北部地区、河西走廊东部主要盆地区、准噶尔盆地南缘、伊犁河谷平原区、塔里木盆地北缘、关中盆地、长江三角洲北部平原区、珠江三角洲平原区等的全国主要地下水含水层系统中，筛选出地下水战略储备适宜区，总面积约 83 万 km²。在此基础上，以保障国家级重大发展战略区、重要生态保护区、粮食主产区水安全，应对重大干旱等自然灾害以及水污染等突发意外事件等可能造成的水短缺为目标，针对京津冀协同发展区、长江经济带、粤港澳大湾区、黄河流域生态保护和高质量发展、北部湾城市群、西北生态脆弱区和国家商品粮基地，划定 38 个国家级地下水战略储备重点区，重点区总面积约 11 万 km²（图 3.12 和表 3.13）。

图 3.12　国家及地下水战略储备重点区分布图

表 3.13　国家级地下水战略储备重点区分布情况表

区域名称	序号	地下水战略储备重点区名称	含水层类型
京津冀协同发展区	1	玉泉山泉域	岩溶
	2	潮白河冲洪积扇	孔隙
	3	永定河冲洪积扇	孔隙
	4	拒马河冲洪积扇	孔隙
	5	沙河－唐河冲洪积扇	孔隙
	6	漳沱河冲洪积扇	孔隙
	7	漳河冲洪积扇	孔隙

区域名称	序号	地下水战略储备重点区名称	含水层类型
京津冀协同发展区	8	黑龙洞泉域	岩溶
	9	百泉泉域	岩溶
	10	滦河冲洪积扇	孔隙
长江经济带	11	江汉－洞庭湖平原	孔隙
	12	鄱阳湖平原	孔隙
	13	成都平原	孔隙
	14	贵阳岩溶水集中分布区	岩溶
	15	太湖平原	孔隙
	16	徐州岩溶水	岩溶
粤港澳大湾区	17	广花盆地	孔隙
黄河流域生态保护和高质量发展区	18	银川盆地	孔隙
	19	大黑河冲洪积扇	孔隙
	20	关中盆地	孔隙
	21	淮河平原中东部地区	孔隙
	22	晋祠兰村泉域	岩溶
	23	娘子关泉域	岩溶
	24	辛安泉域	岩溶
北部湾城市群	25	南宁岩溶水集中分布区	岩溶
	26	桂林岩溶水集中分布区	岩溶
西北生态脆弱区	27	格尔木河冲洪积扇	孔隙
	28	诺木洪河冲洪积扇	孔隙
	29	巴音河冲洪积扇	孔隙
	30	乌鲁木齐河冲洪积扇	孔隙
	31	奎屯河冲洪积扇	孔隙
	32	伊犁河冲洪积扇	孔隙
	33	武威盆地	孔隙
	34	张掖盆地	孔隙
国家商品粮基地	35	雅鲁河－绰尔河冲洪积扇	孔隙
	36	洮儿河冲洪积扇	孔隙
	37	富锦－建三江－友谊－平原	孔隙
	38	萝北－鹤岗平原	孔隙

第四章

地下水质量状况

第一节　地下水化学组成特征

地下水化学组成受地形地貌、气象水文、地质构造、水文地质条件及人类活动等综合因素的影响控制，表现为空间（垂向和水平方向）的带状分异和时间的涨落演替。近几十年来，受人类活动影响，地下水化学组成在一定范围内发生变化，地下水化学类型呈多样性。

浅层地下水化学组成主要受现代气候、地形地貌、区域地质、水文地质条件和人类活动的影响。我国大陆性季风气候形成了自东南向西北降水量依次递减的分布规律，导致不同区域浅水循环更新的速度快慢不一，浅层地下水化学组成在区域上的水平分带性表现为从山丘区至平原区、山麓至盆地中心以及山前至滨海的水化学组成的规律性带状分异。地下水化学组成自东南沿海向西北内陆呈带状展布，由重碳酸盐型为主的低矿化淡水过渡为重碳酸－硫酸盐型为主的淡水，至硫酸盐型或氯化物型微咸水、咸水，直至氯化物型浓卤水。

依据阴离子毫克当量浓度百分数大于25%的参与命名，按排名第一的命名原则，我国浅层地下水化学类型主要分为四种：重碳酸盐类型，分布在全国各地；硫酸盐类型，主要分布在准噶尔盆地周边、塔里木盆地西部、内蒙古西北部、柴达木盆地东部边缘区以及华北中西部平原区；氯化物类型，主要分布在塔里木盆地、柴达木盆地、罗布泊地区；滨海地区，该类型水呈带状零星分布；硝酸盐类型，主要分布在东北平原中部、鄱阳湖水系、闽浙丘陵区、珠江三角洲及雷琼地区。

调查结果显示，地下微咸水主要分布在河北省、山东省、江苏省、宁夏回族自治区、新疆维吾尔自治区、内蒙古自治区、甘肃省、山西省、陕西省和吉林省的部分地区；地下半咸水、咸水主要分布在新疆维吾尔自治区、宁夏回族自治区、内蒙古自治区、青海省、甘肃省的部分地区，以及天津市、河北省、山东省、辽宁省、上海市、江苏省、广东省的滨海地区。

第二节　地下水质量评价

一、地下水质量状况

（一）全国地下水质量总体状况

遵循 2017 年发布的《地下水质量标准》（GB/T 14848—2017），对 2021 年国家地下水监测工程的 10171 个水质数据按照浅层地下水和深层地下水分别进行了评价，其中，浅层地下水水质样品 5487 个，深层地下水水质样品 4684 个。评价结果显示（图 4.1～图 4.4），全国 I～III 类水质监测站点数量占比为 20.4%，其中，浅层地下水水中 I～III 类水占比为 24.6%，深层地下水中 I～III 类水占比为 15.5%；全国 IV 类水占比为 33.4%，其中，浅层地下水中 IV 类水占比为 34.3%，深层地下水中 IV 类水占比为 32.5%。全国 V 类水占比为 46.1%，其中，浅层地下水中 V 类水占比为 41.1%，深层地下水中 V 类水占比为 52.0%。

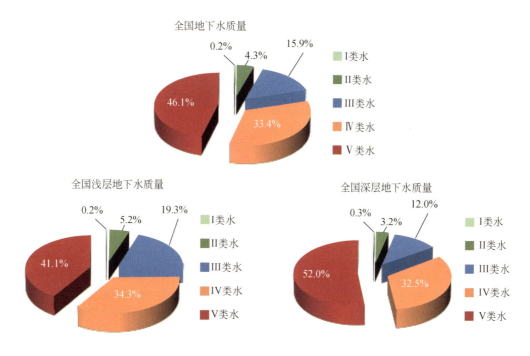

图 4.1　全国地下水质量统计图（2021 年）

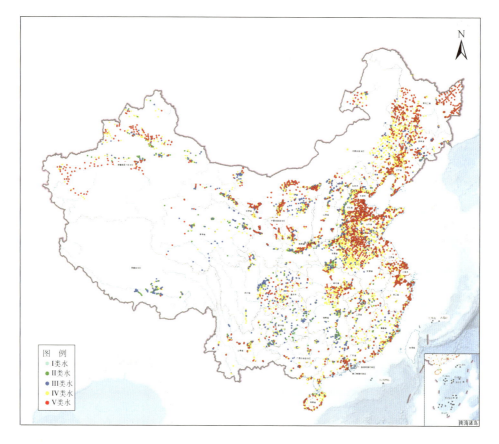

图 4.2　全国地下水质量状况分布图（2021 年）

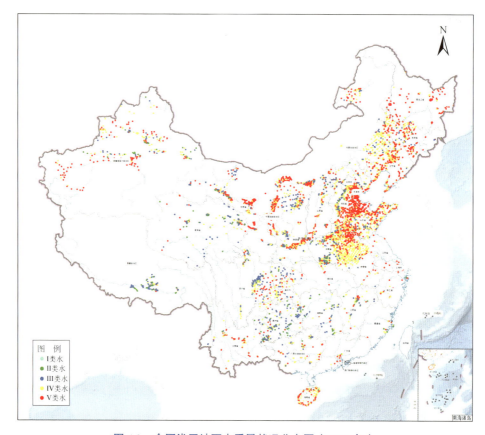

图 4.3　全国浅层地下水质量状况分布图（2021 年）

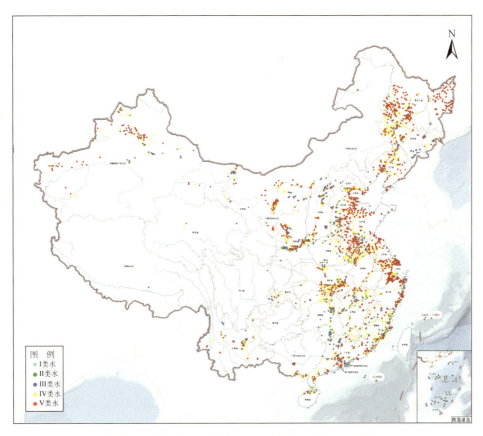

图 4.4　全国深层地下水质量状况分布图（2021 年）

由统计结果可知，0.2% 的浅层地下水和 0.3% 的深层地下水样品属于 I 类水，5.2% 的浅层地下水和 3.2% 的深层地下水样品属于 II 类水，适用于各种用途；19.3% 的浅层地下水和 12.0% 的深层地下水样品属于 III 类水，适用于集中式生活饮用水水源及工农业用水；34.3% 的浅层地下水和 32.5% 的深层地下水样品属于 IV 类水，仅适用于农业和部分工业用水，不能直接饮用，但适当处理后可作饮用水；剩下的 41.1% 的浅层地下水和 52.0% 的深层地下水样品均属于 V 类水，不宜作为生活饮用水水源，其他用水可根据使用目的选用。V 类水中多数为天然条件下形成的高矿化度、高硬度水，少量为遭受严重污染的地下水。

（二）地下水资源一级区地下水质量状况

2021 年，北方地区 11 个地下水资源一级区中，柴达木 - 青海湖盆地地下水质量最好，其中 I~III 类水样品占比 60% 以上；河西走廊及北山、内蒙古高原、塔里木盆地、准噶尔盆地、黄河流域和海河流域等 6 个一级区地下水 I~III 类水样品占比介于 20%~30%，地下水质量相对较好；辽河流域、松花江流域和淮河流域地下水 I~III 类水样品占比均小于 10%。南方地区 4 个地下水资源一级区中，西南诸河流域地下水质量最好，I~III 类水占比 60% 以上；

长江流域、珠江流域和东南诸河流域地下水 I~III 类水占比介于 14.5%~28.7%（图 4.5，表 4.1，附表 1.5 和附图 7）。

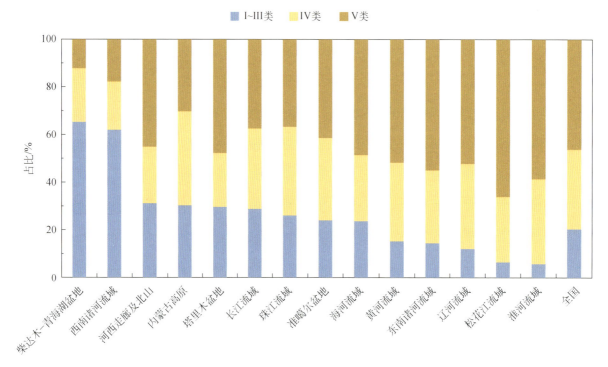

图 4.5　地下水资源一级区各类地下水质量点占比（2021 年）

羌塘内流河湖地下水资源区仅 1 个地下水质量监测点，未列入图中

表 4.1　地下水资源一级区地下水质量状况一览表（2019~2021 年）

序号	编码	地下水资源一级区名称	监测层位	样品数/个	I~III 类水占比/%			IV 类水占比/%			V 类水占比/%		
					2019 年	2020 年	2021 年	2019 年	2020 年	2021 年	2019 年	2020 年	2021 年
1	GA	松花江流域地下水资源区	浅层水	412	11.2	12.4	10.4	26.2	25.7	29.4	62.6	61.9	60.2
			深层水	573	5.9	5.4	6.5	29.0	26.5	27.6	65.1	68.1	66.0
			小计	985	8.1	8.3	8.1	27.8	26.2	28.3	64.1	65.5	63.6
2	GB	辽河流域地下水资源区	浅层水	421	19.5	23.8	8.3	47.7	44.9	48.0	32.8	31.4	43.7
			深层水	225	18.7	30.2	12.0	38.7	35.1	35.6	42.7	34.7	52.4
			小计	646	19.2	26.0	9.6	44.6	41.5	43.7	36.2	32.5	46.7
3	GC	海河流域地下水资源区	浅层水	864	19.4	16.0	16.2	25.7	28.2	27.5	54.9	55.8	56.3
			深层水	692	28.2	19.9	23.7	27.3	32.4	27.6	44.5	47.7	48.7
			小计	1556	23.3	17.7	19.5	26.4	30.1	27.6	50.3	52.2	52.9
4	GD	黄河流域地下水资源区	浅层水	1098	24.3	24.8	24.5	32.1	29.4	31.3	43.5	45.8	44.2
			深层水	541	18.7	14.2	15.0	33.3	34.8	33.3	48.1	51.0	51.8
			小计	1639	22.5	21.3	21.4	32.5	31.2	32.0	45.0	47.5	46.7

序号	编码	地下水资源一级区名称	监测层位	样品数/个	I~III 类水占比 /%			IV 类水占比 /%			V 类水占比 /%		
					2019 年	2020 年	2021 年	2019 年	2020 年	2021 年	2019 年	2020 年	2021 年
5	GE	淮河流域地下水资源区	浅层水	717	9.1	5.6	9.5	42.5	45.0	52.3	48.4	49.4	38.2
			深层水	535	6.2	5.6	5.8	43.0	44.1	35.7	50.8	50.3	58.5
			小计	1252	7.8	5.6	7.9	42.7	44.6	45.2	49.4	49.8	46.9
6	GF	长江流域地下水资源区	浅层水	743	29.5	38.5	45.4	39.6	36.9	32.0	31.0	24.6	22.6
			深层水	1117	10.7	17.2	17.6	31.2	31.6	35.0	58.1	51.2	47.4
			小计	1860	18.2	25.7	28.7	34.5	33.7	33.8	47.3	40.6	37.5
7	GG	东南诸河流域地下水资源区	浅层水	51	19.6	21.6	25.5	29.4	43.1	37.3	51.0	35.3	37.3
			深层水	413	16.2	8.7	14.5	25.9	33.4	30.5	57.9	57.9	55.0
			小计	464	16.6	10.1	15.7	26.3	34.5	31.3	57.1	55.4	53.0
8	GH	珠江流域地下水资源区	浅层水	406	29.6	29.6	30.8	35.5	34.2	38.9	35.0	36.2	30.3
			深层水	355	24.5	20.6	20.3	40.0	38.9	35.8	35.5	40.6	43.9
			小计	761	27.2	25.4	25.9	37.6	36.4	37.5	35.2	38.2	36.7
9	GJ	西南诸河流域地下水资源区	浅层水	152	56.6	61.2	67.1	28.3	13.8	17.8	15.1	25.0	15.1
			深层水	19	5.3	10.5	21.1	47.4	15.8	42.1	47.4	73.7	36.8
			小计	171	50.9	55.6	62.0	30.4	14.0	20.5	18.7	30.4	17.5
10	GK I	准噶尔盆地地下水资源区	浅层水	124	36.3	10.5	30.6	26.6	18.5	34.7	37.1	71.0	34.7
			深层水	113	31.9	8.0	16.8	25.7	8.0	34.5	42.5	84.1	48.7
			小计	237	34.2	9.3	24.1	26.2	13.5	34.6	39.7	77.2	41.4
11	GK II	塔里木盆地地下水资源区	浅层水	129	32.6	10.1	25.6	16.3	10.9	22.5	51.2	79.1	51.9
			深层水	44	15.9	4.5	29.5	25.0	18.2	22.7	59.1	77.3	47.7
			小计	173	28.3	8.7	26.6	18.5	12.7	22.5	53.2	78.6	50.9
12	GK III	羌塘内流河湖地下水资源区	浅层水	1	0	100.0	100.0	0	0	0	100.0	0	0
			小计	1	0	100.0	100.0	0	0	0	100.0	0	0
13	GK IV	河西走廊及北山地下水资源区	浅层水	233	30.9	29.2	30.0	22.3	24.0	21.5	46.8	46.8	48.5
			深层水	51	27.5	27.5	35.3	31.4	27.5	33.3	41.2	45.1	31.4
			小计	284	30.3	28.9	31.0	23.9	24.6	23.6	45.8	46.5	45.4
14	GK V	柴达木－青海湖盆地地下水资源区	浅层水	107	58.9	69.2	65.4	23.4	14.0	22.4	17.8	16.8	12.1
			深层水	2	50.0	50.0	50.0	50.0	50.0	50.0	0	0	0
			小计	109	58.7	68.8	65.1	23.9	14.7	22.9	17.4	16.8	11.9

续表

序号	编码	地下水资源一级区名称	监测层位	样品数/个	I~III 类水占比 /%			IV 类水占比 /%			V 类水占比 /%		
					2019 年	2020 年	2021 年	2019 年	2020 年	2021 年	2019 年	2020 年	2021 年
15	GKVI	内蒙古高原地下水资源区	浅层水	29	27.6	27.6	24.1	17.2	37.9	41.4	55.2	34.5	34.5
			深层水	4	75.0	75.0	75.0	25.0	25.0	25.0	0	0	0
			小计	33	33.3	33.3	30.3	18.2	36.4	39.4	48.5	30.3	30.3
		全国合计	浅层水	5487	23.6	23.5	24.6	33.2	32.1	34.3	43.2	44.5	41.1
			深层水	4684	15.8	14.4	15.5	32.4	33.0	32.5	51.8	52.6	52.0
			小计	10171	20.0	19.3	20.4	32.8	32.5	33.4	47.2	48.2	46.1

（三）省级行政区地下水质量状况

在全国 31 省级行政区（香港、澳门和台湾数据暂缺）中，2021 年北方地区西藏、贵州和青海等 3 个省（自治区）地下水质量相对好，I~III 类水占比在 60% 以上，其中西藏高达 84.6%；北京、江西、内蒙古、甘肃、新疆、陕西、河南和山西 8 个省（自治区、直辖市）I~III 类水占比在 20%~40%；河北、吉林、山东、宁夏、辽宁、黑龙江和天津 7 个省（自治区、直辖市）I~III 类水样品占比均低于 20%。南方地区湖南和四川地下水质量较好，I~III 类水样品占比分别为 55.3% 和 42.6%；福建、广东、重庆、云南和广西等 5 个省（自治区、直辖市）I~III 类水样品占比介于 20%~30%；海南、湖北、安徽、浙江、上海和江苏等 6 个省（直辖市）I~III 类水样品占比均低于 10%（图 4.6、表 4.2 和附图 8）。

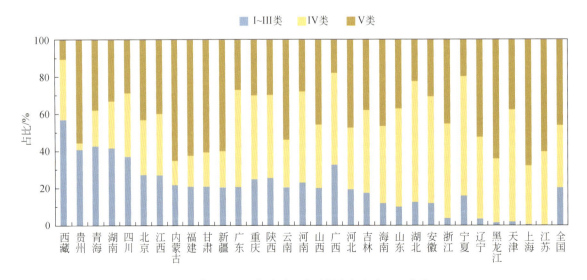

图 4.6　省级行政区各类地下水质量点占比（2021 年）

表 4.2 省级行政区地下水质量状况一览表（2021 年）

序号	省（自治区、直辖市）	样品数 / 个	I~III 类水占比 /%	IV 类水占比 /%	V 类水占比 /%
1	北京	289	36.3	48.1	15.6
2	天津	260	0.8	6.2	93.1
3	河北	607	18.3	27.7	54.0
4	山西	338	23.1	33.1	43.8
5	内蒙古	500	27.6	39.2	33.2
6	辽宁	455	2.9	39.6	57.6
7	吉林	498	16.9	37.8	45.4
8	黑龙江	496	1.2	16.5	82.3
9	上海	249	0.4	20.9	78.7
10	江苏	336	0.3	23.2	76.5
11	浙江	292	3.1	23.6	73.3
12	安徽	370	4.3	63.0	32.7
13	福建	249	26.5	44.2	29.3
14	江西	267	30.7	41.6	27.7
15	山东	640	8.4	29.5	62.0
16	河南	485	23.1	49.1	27.8
17	湖北	230	8.3	39.1	52.6
18	湖南	226	55.3	32.7	11.9
19	广东	224	25.0	30.8	44.2
20	广西	257	21.8	42.0	36.2
21	海南	142	12.0	41.5	46.5
22	重庆	90	24.4	44.4	31.1
23	四川	277	42.6	42.6	14.8
24	贵州	218	68.3	20.6	11.0
25	云南	223	23.8	40.4	35.9
26	西藏	110	84.5	11.8	3.6
27	陕西	360	23.9	34.7	41.4
28	甘肃	500	26.4	25.6	48.0
29	青海	266	60.9	24.1	15.0
30	宁夏	307	2.9	30.9	66.1
31	新疆	410	25.1	29.5	45.4
	全国合计	10171	20.4	33.4	46.1

表 4.2 省级行政区地下水质量状况一览表（2021 年）

55

（四）17个主要平原盆地区地下水质量状况

2021年北方地区13个主要平原盆地区中，柴达木盆地地下水质量最好，其中I~III类水占比62.8%。鄂尔多斯盆地和河西走廊地下水质量次之，I~III类水样品占比分别为34.8%和30.4%。塔里木盆地、准噶尔盆地、河套平原、汾渭盆地、华北平原、辽河平原、黄淮平原、松嫩平原、银川平原和三江平原等10个平原盆地区地下水I~III类占比均小于20%。南方4个主要平原盆地中，四川盆地地下水质量相对较好，I~III类水占比为38.8%。珠江三角洲平原、江汉-洞庭湖平原和长江三角洲平原I~III类水样品占比均低于20%（表4.3）。

表 4.3　17个主要平原盆地地下水质量评价一览表（2021年）

序号	平原盆地	监测层位	样品数/个	I~III类水占比/%	IV类水占比/%	V类水占比/%
1	松嫩平原	浅层水	193	9.3	32.1	58.5
		深层水	390	2.8	30.0	67.2
		小计	583	5.0	30.7	64.3
2	辽河平原	浅层水	244	10.2	55.7	34.0
		深层水	147	10.9	38.1	51.0
		小计	391	10.5	49.1	40.4
3	三江平原	浅层水	39	—	—	100.0
		深层水	37	—	2.7	97.3
		小计	76	—	1.3	98.7
4	华北平原	浅层水	736	12.0	26.9	61.1
		深层水	530	15.5	28.9	55.7
		小计	1266	13.4	27.7	58.8
5	银川平原	浅层水	93	2.2	28.0	69.9
		深层水	132	3.8	36.4	59.8
		小计	225	3.1	32.9	64.0
6	河套平原	浅层水	107	14.0	20.6	65.4
		深层水	45	15.6	33.3	51.1
		小计	152	14.5	24.3	61.2
7	鄂尔多斯盆地	浅层水	204	36.8	42.2	21.1
		深层水	78	29.5	28.2	42.3
		小计	282	34.8	38.3	27.0
8	汾渭盆地	浅层水	179	11.2	33.5	55.3
		深层水	231	16.0	31.6	52.4
		小计	410	13.9	32.4	53.7

序号	平原盆地	监测层位	样品数 / 个	I~III 类水占比 /%	IV 类水占比 /%	V 类水占比 /%
9	黄淮平原	浅层水	516	7.2	55.4	37.4
		深层水	498	4.0	36.1	59.8
		小计	1014	5.6	46.0	48.4
10	准噶尔盆地	浅层水	56	25.0	32.1	42.9
		深层水	74	10.8	29.7	59.5
		小计	130	16.9	30.8	52.3
11	塔里木盆地	浅层水	94	21.3	14.9	63.8
		深层水	31	12.9	25.8	61.3
		小计	125	19.2	17.6	63.2
12	河西走廊	浅层水	210	28.6	22.9	48.6
		深层水	40	40.0	35.0	25.0
		小计	250	30.4	24.8	44.8
13	柴达木盆地	浅层水	77	62.3	23.4	14.3
		深层水	1	100.0	—	—
		小计	78	62.8	23.1	14.1
14	四川盆地	浅层水	268	39.9	40.3	19.8
		深层水	21	23.8	47.6	28.6
		小计	289	38.8	40.8	20.4
15	江汉 – 洞庭湖平原	浅层水	5	40.0	40.0	20.0
		深层水	226	8.4	42.9	48.7
		小计	231	9.1	42.9	48.1
16	长江三角洲平原	浅层水	33	—	9.1	90.9
		深层水	393	0.5	26.5	73.0
		小计	426	0.5	25.1	74.4
17	珠江三角洲平原	浅层水	12	16.7	25.0	58.3
		深层水	51	17.6	21.6	60.8
		小计	63	17.5	22.2	60.3

注："—"表示无该类地下水。

二、地下水质量主要影响指标

（一）全国地下水质量主要影响指标

调查结果显示，全国地下水质的主要天然影响指标包括锰、铁、总硬度、TDS、硫化物、氯化物、硫酸盐、碘化物、氟化物、铝等 10 项；主要人为活动影响指标包括氨氮、硝酸盐、耗氧量和挥发性酚类等 4 项。

全国浅层地下水主要影响指标为锰、总硬度、TDS、硫酸盐、铁、钠、氯化物、氟化物、耗氧量、氨氮、碘化物、铝、硝酸盐和挥发性酚类，共计 14 项指标，包括 9 项无机常规指标和 5 项无机毒理指标。超标率大于 20% 的指标有锰、总硬度、TDS、硫酸盐、铁和钠等 6 项，其中锰的超标率最高，达 42.5%；氯化物、氟化物、耗氧量、氨氮、碘化物、铝和硝酸盐等 7 项指标超标率介于 10%~20%；挥发性酚类超标率小于 10%[图 4.7（a）]。

全国深层地下水主要影响指标为锰、铁、钠、氨氮、碘化物、TDS、总硬度、氯化物、氟化物、硫酸盐、砷、耗氧量、铝和挥发性酚类共计 14 项指标，包括 9 项无机常规指标和 5 项无机毒理指标。超标率大于 20% 的指标有锰、铁、钠、氨氮、碘化物、TDS 和总硬度等 7 项，其中锰和铁的超标率最高，分别为 49% 和 39%；氯化物、氟化物、硫酸盐、砷、耗氧量、铝和挥发性酚类等 7 项指标超标率介于 10%~20%[图 4.7（b）]。

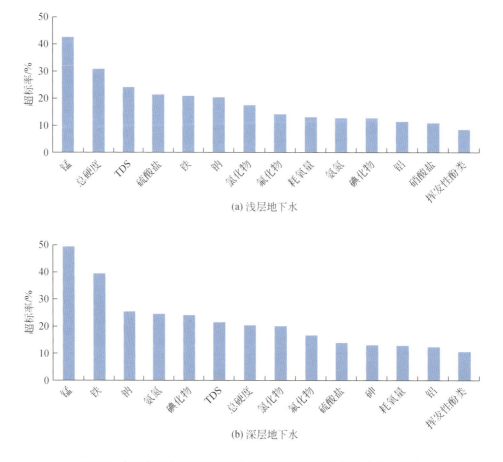

图 4.7　全国浅层地下水和深层地下水质量主要影响指标（2021 年）

（二）主要平原盆地地下水质量主要影响指标

全国主要平原盆地区地下水质量主要影响指标评价结果显示：松嫩平原、辽河平原和三江平原地下水质量主要影响指标为铁、锰、化学需氧量（chemical oxygen demand，COD）、氨氮；华北平原地下水质量主要影响指标为 pH、总硬度、TDS、硫酸根、氯离子、铁、锰等。银川平原地下水质量主要影响指标为总硬度、TDS、硫酸根、氯离子、铁、锰、硝酸盐、氟离子等；河套平原地下水质量主要影响指标为总硬度、TDS、硫酸根、氯离子、铁、锰、COD、氨氮、氟离子、碘、砷等；鄂尔多斯盆地地下水质量主要影响指标为锰和硫化物；汾渭盆地和黄淮平原地下水质量主要影响指标为 pH、总硬度、TDS、硫酸根、氯离子、铁、锰、钠、氟离子、碘等；准噶尔盆地平原汇流区地下水质量主要影响指标为总硬度、TDS、硫酸根、氯离子、锰、钠、氟离子和镉等；塔里木盆地地下水质量主要影响指标为总硬度、TDS、硫酸根、氯离子、铁、锰、COD、钠、氟离子、镉和硫化物等；河西走廊地下水质量主要影响指标为总硬度、TDS、硫酸根、氯离子、锰和钠等；柴达木盆地地下水质量主要影响指标为总硬度、TDS、氯离子和钠；四川盆地地下水质量主要影响指标为总硬度和锰；江汉－洞庭湖平原地下水质量主要影响指标为总硬度、锰、COD、氨氮、碘、砷和硫化物；长江三角洲平原地下水质量主要影响指标为总硬度、TDS、氯离子、铁、锰、挥发性酚类、COD、氨氮、钠、碘、砷和硫化物；珠江三角洲平原地下水质量主要影响指标为 pH、总硬度、TDS、氯离子、铁、锰、COD、氨氮、钠、碘、砷和硫化物等。

第三节　地下水质量年际变化

一、全国地下水质量年际变化

据 10171 个国家地下水监测工程水质数据，与 2020 年相比，2021 年全国地下水质量整体稳中向好，稳定的样品数占比为 66.8%、变好的占比为 17.6%、变差的占比为 15.6%；Ⅰ~Ⅲ 类水占比略有增加，由 19.3% 上升为 20.4%；Ⅳ 类水占比略有增加，由 32.5% 上升为 33.4%；Ⅴ 类水占比由 48.2% 下降为 46.1%。浅层地下水与深层地下水质量均稳中向好，浅层地下水质量稳定的样品数占比为 65.3%、变好的占比为 18.7%、变差的占比为 16.0%；深层地下水质量稳定的样品数占比为 68.6%、变好的占比为 16.2%、变差的占比为 15.2%（表 4.4，图 4.8~图 4.10）。

表 4.4　全国地下水质量状况年际变化对比一览表（2019~2021 年）

监测层位	样品数 / 个	Ⅰ~Ⅲ 类水占比 /%			Ⅳ 类水占比 /%			Ⅴ 类水占比 /%		
		2019 年	2020 年	2021 年	2019 年	2020 年	2021 年	2019 年	2020 年	2021 年
浅层地水	5487	23.6	23.5	24.6	33.2	32.1	34.3	43.2	44.5	41.1
深层地水	4684	15.8	14.4	15.5	32.4	33.0	32.5	51.8	52.6	52.0
合计	10171	20.0	19.3	20.4	32.8	32.5	33.4	47.2	48.2	46.1

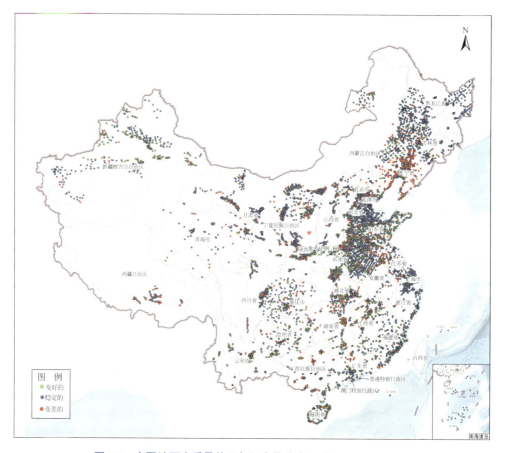

图 4.8　全国地下水质量状况年际变化分布图（2020~2021 年）

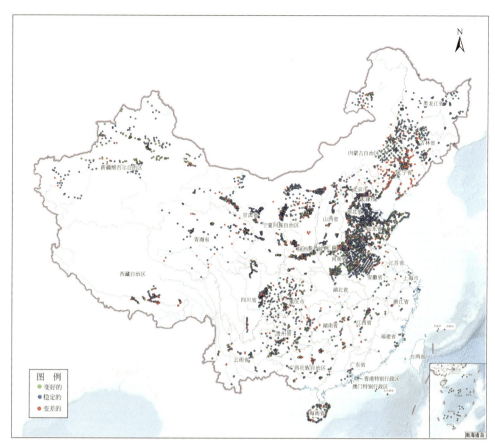

图 4.9　全国浅层地下水质量状况年际变化分布图（2020~2021 年）

图 4.10　全国深层地下水质量状况年际变化分布图（2020~2021 年）

二、地下水资源一级区地下水质量年际变化

全国 15 个地下水资源一级区地下水质量年际变化见表 4.5 和附表 1.6，评价结果显示：与 2020 年相比，2021 年北方地区 11 个地下水资源一级区中，羌塘内流河湖区、松花江流域、内蒙古高原、河西走廊及北山、海河流域、淮河流域、黄河流域、柴达木 – 青海湖盆地和辽河流域等 9 个区地下水质量相对稳定，稳定的样品数占比均超过 50%；塔里木盆地和准噶尔盆地地下水质量稳中向好，稳定的样品数占比分别为 56.6% 和 49.4%，变好的占比分别为 36.4% 和 43.9%。南方地区东南诸河流域、长江流域、珠江流域和西南诸河流域等 4 个地下水资源一级区地下水质量稳定，稳定的样品数占比在 60% 以上，变好的占比为 16.8%~21.6%，变差的占比为 7.1%~26.3%。

表 4.5　全国地下水资源一级区地下水质量年际变化一览表（2020~2021 年）

序号	编码	地下水资源一级区名称	监测层位	样品数 / 个	变差的占比 /%	变好的占比 /%	稳定的占比 /%
1	GA	松花江流域地下水资源区	浅层水	412	13.3	11.7	75.0
			深层水	573	5.8	8.2	86.0
			小计	985	8.9	9.6	81.4
2	GB	辽河流域地下水资源区	浅层水	421	36.3	17.8	45.8
			深层水	225	37.8	13.3	48.9
			小计	646	36.8	16.3	46.9
3	GC	海河流域地下水资源区	浅层水	864	12.7	13.7	73.6
			深层水	692	14.6	18.4	67.1
			小计	1556	13.6	15.7	70.7
4	GD	黄河流域地下水资源区	浅层水	1098	16.7	14.7	68.7
			深层水	541	13.9	13.7	72.5
			小计	1639	15.7	14.3	69.9
5	GE	淮河流域地下水资源区	浅层水	717	8.4	22.5	69.2
			深层水	535	17.8	9.9	72.3
			小计	1252	12.4	17.1	70.5
6	GF	长江流域地下水资源区	浅层水	743	15.5	23.4	61.1
			深层水	1117	18.0	19.6	62.4
			小计	1860	17.0	21.1	61.9
7	GG	东南诸河流域地下水资源区	浅层水	51	17.6	21.6	60.8
			深层水	413	5.8	16.2	78.0
			小计	464	7.1	16.8	76.1

序号	编码	地下水资源一级区名称	监测层位	样品数／个	变差的占比／%	变好的占比／%	稳定的占比／%
8	GH	珠江流域地下水资源区	浅层水	406	18.0	25.4	56.7
			深层水	355	22.0	16.9	61.1
			小计	761	19.8	21.4	58.7
9	GJ	西南诸河流域地下水资源区	浅层水	152	27.6	18.4	53.9
			深层水	19	15.8	47.4	36.8
			小计	171	26.3	21.6	52.0
10	GK I	准噶尔盆地地下水资源区	浅层水	124	6.5	46.0	47.6
			深层水	113	7.1	41.6	51.3
			小计	237	6.8	43.9	49.4
11	GK II	塔里木盆地地下水资源区	浅层水	129	7.8	36.4	55.8
			深层水	44	4.5	36.4	59.1
			小计	173	6.9	36.4	56.6
12	GK III	羌塘内流河湖地下水资源区	浅层水	1	0	0	100.0
			小计	1	0	0	100.0
13	GK IV	河西走廊及北山地下水资源区	浅层水	233	13.7	10.3	76.0
			深层水	51	11.8	21.6	66.7
			小计	284	13.4	12.3	74.3
14	GK V	柴达木–青海湖盆地地下水资源区	浅层水	107	22.4	17.8	59.8
			深层水	2	0	0	100.0
			小计	109	22.0	17.4	60.6
15	GK VI	内蒙古高原地下水资源区	浅层水	29	17.2	3.4	79.3
			深层水	4	25.0	0	75.0
			小计	33	18.2	3.0	78.8
		全国合计	浅层水	5487	16.0	18.7	65.3
			深层水	4684	15.2	16.2	68.6
			小计	10171	15.6	17.6	66.8

三、17 个主要平原盆地区地下水质量年际变化

全国 17 个主要平原盆地区地下水质量年际变化见表 4.6，评价结果显示：对比 2020 年和 2021 年水化学数据，17 个主要平原盆地区地下水质量总体稳定，稳定的样品数占比为 72.5%，变好的占比为 14.2%，变差的占比为 13.3%。北方地区的 13 个主要平原盆地中，

三江平原、松嫩平原、银川平原、河西走廊、河套平原、黄淮平原、华北平原、塔里木盆地、汾渭盆地、鄂尔多斯盆地、辽河平原和柴达木盆地等 12 个平原盆地地下水质量变化以稳定为主，稳定的样品数占比在 50% 以上；准噶尔盆地地下水质量稳中向好，稳定的样品数占比为 57.7%，变好的占比为 38.5%。南方地区的长江三角洲平原、江汉 – 洞庭湖平原、四川盆地和珠江三角洲平原地下水质量变化以稳定为主，稳定的样品数占比均在 60% 以上。

表 4.6　17 个主要平原盆地地下水质量年际变化一览表（2020~2021 年）

序号	平原盆地	监测层位	样品数 / 个	变差的占比 /%	变好的占比 /%	稳定的占比 /%
1	松嫩平原	浅层水	193	15.5	9.8	74.6
		深层水	390	5.6	7.4	86.9
		小计	583	8.9	8.2	82.8
2	辽河平原	浅层水	244	25.0	23.4	51.6
		深层水	147	32.7	17.0	50.3
		小计	391	27.9	21.0	51.2
3	三江平原	浅层水	39	2.6	0	97.4
		深层水	37	0	0	100.0
		小计	76	1.3	0	98.7
4	华北平原	浅层水	736	11.3	12.4	76.4
		深层水	530	13.0	15.3	71.7
		小计	1266	12.0	13.6	74.4
5	银川平原	浅层水	93	14.0	1.1	84.9
		深层水	132	23.5	6.1	70.5
		小计	225	19.6	4.0	76.4
6	河套平原	浅层水	107	14.0	13.1	72.9
		深层水	45	13.3	6.7	80.0
		小计	152	13.8	11.2	75.0
7	鄂尔多斯盆地	浅层水	204	21.6	17.6	60.8
		深层水	78	15.4	14.1	70.5
		小计	282	19.9	16.7	63.5
8	汾渭盆地	浅层水	179	13.4	19.6	67.0
		深层水	231	10.4	16.9	72.7
		小计	410	11.7	18.0	70.2

序号	平原盆地	监测层位	样品数/个	变差的占比/%	变好的占比/%	稳定的占比/%
9	黄淮平原	浅层水	516	6.8	17.1	76.2
		深层水	498	18.3	8.8	72.9
		小计	1014	12.4	13.0	74.6
10	准噶尔盆地（平原汇流区）	浅层水	56	1.8	41.1	57.1
		深层水	74	5.4	36.5	58.1
		小计	130	3.8	38.5	57.7
11	塔里木盆地	浅层水	94	6.4	25.5	68.1
		深层水	31	6.5	16.1	77.4
		小计	125	6.4	23.2	70.4
12	河西走廊	浅层水	210	12.9	9.0	78.1
		深层水	40	12.5	27.5	60.0
		小计	250	12.8	12.0	75.2
13	柴达木盆地（平原汇流区）	浅层水	77	20.8	22.1	57.1
		深层水	1	0.0	0.0	100.0
		小计	78	20.5	21.8	57.7
14	四川盆地	浅层水	268	12.3	17.9	69.8
		深层水	21	14.3	23.8	61.9
		小计	289	12.5	18.3	69.2
15	江汉 – 洞庭湖平原	浅层水	5	20.0	20.0	60.0
		深层水	226	15.5	20.8	63.7
		小计	231	15.6	20.8	63.6
16	长江三角洲平原	浅层水	33	9.1	3.0	87.9
		深层水	393	10.4	8.7	80.9
		小计	426	10.3	8.2	81.5
17	珠江三角洲平原	浅层水	12	16.7	8.3	75.0
		深层水	51	19.6	13.7	66.7
		小计	63	19.0	12.7	68.3
	全国合计	浅层水	3066	12.9	15.5	71.6
		深层水	2925	13.8	12.9	73.4
		小计	5991	13.3	14.2	72.5

第五章

地下水位变化特征

第一节　主要平原盆地地下水位变化

一、地下水位历史变化

将海河流域的华北平原、淮河流域的黄淮平原、松花江流域和辽河流域的松嫩平原和辽河平原、黄河流域的河套平原等平原区，以及准噶尔盆地、塔里木盆地、河流走廊等西北干旱内流盆地2021年地下水位数据与已掌握的接近天然状态地下水位数据进行对比，分析主要平原盆地地下水位历史变化状况，形成初步分析结果。各区域分析地下水位历史变化对比年份见表5.1。

表 5.1　各区域分析地下水位历史变化对比年份一览表

区域名称	对比年份
华北平原	20世纪80年代
黄淮平原	2005
松嫩平原和辽河平原	2004
河套平原	2004
塔里木盆地	2000
准噶尔盆地	2008
河西走廊	2000

各区域地下水位降幅多在50m以内，根据数据特征，分别统计地下水位降幅在5~10m、10~20m、20~30m、30~50m和50m以上的下降区面积，计算地下水储存量亏空量。对比结果表明：全国浅层地下水位降幅大于5m的区域总面积约为17.88万 km²，其中，降幅5~10m的区域面积约为9.91万 km²、降幅10~20m约为4.20万 km²、降幅20~30m的区域面

积约为 1.59 万 km²、降幅 30~50m 的区域面积约为 1.65 万 km²、降幅大于 50m 的区域面积约为 0.53 万 km²；划定 48 个浅层地下水位明显下降区（水位降幅超过 5m 的区域），浅层地下水储存量累积亏损量约为 1946.56 亿 m³。全国深层地下水位降幅大于 5m 的区域总面积约为 14.47 万 km²，其中，降幅 5~10m 的区域面积约为 0.53 万 km²、降幅 10~20m 的区域面积约为 2.32 万 km²、降幅 20~30m 的区域面积约为 2.32 万 km²、降幅 30~50m 的区域面积约为 4.12 万 km²、降幅大于 50m 的区域面积约为 5.18 万 km²；划定 4 个深层地下水位明显下降区，深层地下水储存量累积亏损量约为 717.56 亿 m³（表 5.2，图 5.1、图 5.2）。

表 5.2 与历史水位对比地下水位明显下降区状况简表

	下降区面积 /km²						明显下降区储存量累积亏损量 / 亿 m³
	降幅 5~10m	降幅 10~20m	降幅 20~30m	降幅 30~50m	降幅大于 50m	合计	
浅层	99125	42018	15852	16546	5305	178846	1946.56
深层	5260	23163	23224	41235	51819	144701	717.56
总计	104385	65181	39076	57781	57124	323547	2664.12

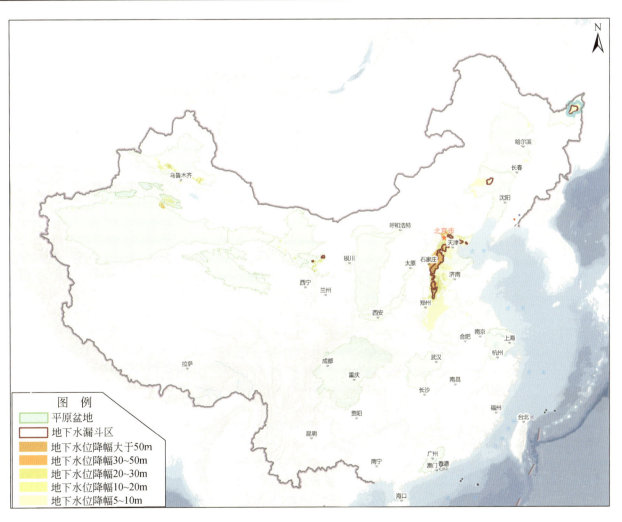

图 5.1 与历史水位对比地下水位明显下降区分布图（浅层地下水）（2021 年）

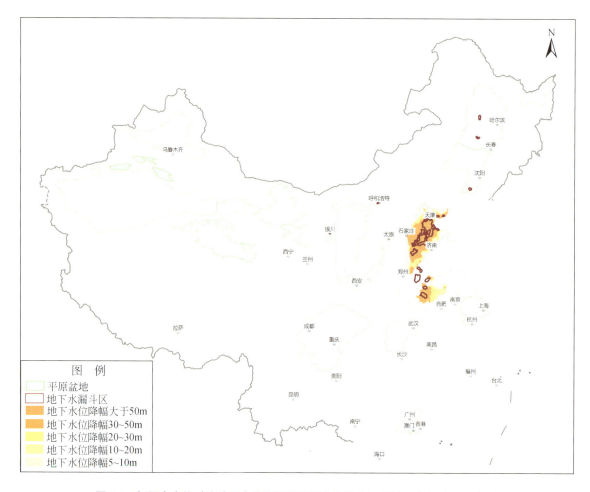

图5.2　与历史水位对比地下水位明显下降区分布图（深层地下水）（2021年）

如表5.3所示，各主要平原盆地对比结果表明：华北平原地下水位下降最为严重，浅层地下水明显下降区面积约为8.89万km²，占全国浅层地下水明显下降区的49.72%，主要分布在保定、石家庄、邢台和邯郸等地，其中，降幅5~10m的区域面积约为3.17万km²、降幅10~20m的区域面积约为2.51万km²、降幅20~30m的区域面积约为1.22万km²、降幅30~50m的区域面积约为1.46万km²、降幅大于50m区域面积约为0.53万km²，形成浅层地下水位明显下降区6个，浅层地下水储存量累积亏损量约为863.03亿m³。深层地下水明显下降区面积约为11.12万km²，占全国深层地下水明显下降区的76.90%，主要分布在北京、天津以南等地，其中，降幅5~10m的区域面积约为0.48万km²、降幅10~20m的区域面积约为1.31万km²、降幅20~30m的区域面积约为1.74万km²、降幅30~50m的区域面积约为3.21万km²、降幅大于50m的区域面积约为4.40万km²，形成深层地下水位明显下降区2个，深层地下水储存量累积亏损量约为658.44亿m³。

表 5.3　2021 年各流域与历史水位对比明显下降区统计表

流域名称	层位	明显下降区名称	下降区面积 /km²						明显下降区储存量累积亏损量 / 亿 m³
			降幅 5~10m	降幅 10~20m	降幅 20~30m	降幅 30~50m	降幅大于 50m	合计	
海河流域（华北平原）	浅层	北京下降区	1735	2741	1008	741	—	6225	65.02
		天津－唐山下降区	5544	2890	160	—	—	8594	41.97
		保定－石家庄－邢台下降区	10624	8337	5710	11767	4472	40910	533.06
		邯郸下降区	5458	9391	3935	2060	833	21677	168.01
		山东下降区	7121	555	—	—	—	7676	25.21
		河南下降区	1256	1196	1377	21	—	3850	29.76
		浅层合计	31738	25110	12190	14589	5305	88932	863.03
	深层	唐山下降区	579	1761	1461	2916	706	7423	29.46
		京津及以南下降区	4208	11317	15904	29134	43282	103845	628.98
		深层合计	4787	13078	17365	32050	43988	111268	658.44
		合计	36525	38188	29555	46639	49293	200200	1521.44
淮河流域（黄淮平原）	浅层	豫东－鲁西南连片下降区	31545	—	—	—	—	31545	82.02
		睢宁－灵璧下降区	490	—	—	—	—	490	0.73
	深层	皖北下降区	9964	5859	9185	7831	32839	55.00	—
		合计	32035	9964	5859	9185	7831	64874	137.75
松辽流域	浅层	通辽－开鲁下降区	8790	—	—	—	—	8790	80.17
		奈曼下降区	1676	427	—	—	—	2103	23.68
		绥棱－庆安－铁力下降区	894	—	—	—	—	894	2.18
		建三江农场下降区	7708	3518	—	—	—	11226	156.00
	深层	榆树下降区	473	121	—	—	—	594	4.12
		合计	19541	4066	—	—	—	23067	266.15
黄河流域	浅层	西夏区城市周边下降区	97	30	—	—	—	127	1.13
		西夏区贺兰山前下降区	393	—	—	—	—	393	2.75
		长安－灞桥下降区	201	—	—	—	—	201	0.60
		西安市六村堡下降区	32	—	—	—	—	32	0.19
		凤翔－岐山下降区	43	17	—	—	—	59	0.23
		兴平－秦都下降区	207	70	—	—	—	278	1.95
		扶风县东北部下降区	112	—	—	—	—	112	0.25
		大荔县沙苑下降区	23	—	—	—	—	23	0.14
		大荔县安仁镇下降区	65	—	—	—	—	65	0.37
		泾阳县王桥镇－云阳镇下降区	111	—	—	—	—	111	0.25
		富平县西北部黄土区下降区	169	92	—	—	—	261	1.05
		温县孟州沁阳下降区	314	—	—	—	—	314	0.52

续表

流域名称	层位	明显下降区名称	下降区面积/km²						明显下降区储存量累积亏损量/亿m³
			降幅5~10m	降幅10~20m	降幅20~30m	降幅30~50m	降幅大于50m	合计	
黄河流域	浅层	原阳封丘长垣下降区	2469	—	—	—	—	2469	4.09
		包头市城区下降区	31	—	—	—	—	31	0.36
		呼和浩特市城区下降区	217	2	—	—	—	218	1.57
		稷山县东下降区	34	7	—	—	—	41	<0.01
		合计	4518	218				4735	15.45
西北干旱内流盆地	塔里木盆地 浅层	沙雅喀腊其兰下降区	151	44	—	—	—	194	2.36
		沙雅红旗镇下降区	16	—	—	—	—	16	0.17
		阿拉尔双城镇下降区	256	83	—	—	—	340	6.13
		伽师北部下降区	379	—	—	—	—	379	5.88
		墨玉地下水下降区	8	—	—	—	—	8	0.13
		焉耆盆地下降区	1520	3134	—	—	—	4654	120.87
	准噶尔盆地	孔雀河灌区流域地下水下降区	327	921	561	705		2515	121.12
		玛纳斯–呼图壁下降区	1769	2239	1391	519		5918	143.46
		沙湾下降区	169	74	18	—		261	3.80
		乌苏市下降区	1860	1425	—	—		3284	45.13
		东三县下降区	1730	2533	1034	396		5694	130.86
		柴窝堡下降区	164	262	24	1		451	7.55
		乐土驿下降区	144	37	—	—		181	2.17
	河西走廊黑河流域	甘州区党寨–石岗墩下降区	185	313	—	—		498	9.12
		高台县骆驼城–南华下降区	328	—	—	—		328	2.46
		肃州区铧间镇–下河清下降区	220	150	—	—		370	3.90
西北干旱内流盆地	浅层	河西走廊黑河流域 金塔县中东镇–大庄子下降区	293	194	—	—	—	487	5.11
		金塔县生地湾农场下降区	88	—	—	—	—	88	1.88
		河西走廊（石羊河流域） 金昌下降区	120	396	381	207	—	1104	35.44
		民勤下降区	1260	413	—	—	—	1673	18.74
		武威下降区	778	528	253	129	—	1688	57.02
		合计	11766	12746	3662	1957	—	30131	723.30
全国	浅层	合计	99125	42018	15852	16546	5305	178846	1946.56
	深层	合计	5620	23163	23224	41235	51819	144701	717.56
		总计	104385	65181	39076	57781	57124	323547	2664.12

黄淮平原地下水位下降严重，浅层地下水明显下降区面积约为 3.20 万 km²，占全国浅层地下水明显下降区的 17.90%，主要分布在河南东部和山东西南部，降幅全在 5~10m，形成浅层地下水位明显下降区 2 个，浅层地下水储存量累积亏损量约为 82.75 亿 m³。深层地下水明显下降区面积约为 3.28 万 km²，占全国深层地下水明显下降区的 22.67%，主要分布在安徽北部，其中，降幅 10~20m 的区域面积约为 1.00 万 km²、降幅 20~30m 的区域面积约为 0.59 万 km²、降幅 30~50m 的区域面积约为 0.92 万 km²，降幅大于 50m 的区域面积约为 0.78 万 km²，形成深层地下水位明显下降区 1 个，深层地下水储存量累积亏损量约为 55.00 亿 m³。

准噶尔盆地地下水位下降明显，浅层地下水位明显下降区面积约为 1.58 万 km²，占全国浅层地下水明显下降区的 8.84%，主要分布在玛纳斯、呼图壁、乌苏县和东三县，其中，降幅 5~10m 的区域面积约为 0.58 万 km²、降幅 10~20m 的区域面积约为 0.66 万 km²、降幅 20~30m 的区域面积约为 0.25 万 km²、降幅 30~50m 的区域面积约为 0.09 万 km²，形成浅层地下水位明显下降区 6 个，浅层地下水储存量累积亏损量约为 332.97 亿立方米。

二、地下水位年际变化

全国 17 个主要平原盆地浅层地下水统测面积约为 202.33 万 km²，深层地下水统测面积约为 46.69 万 km²。北方地区 13 个平原盆地浅层地下水统测面积约为 175.27 万 km²，深层地下水统测面积约为 39.63 万 km²；南方地区 4 个平原盆地浅层地下水统测面积约为 27.06 万 km²，深层地下水统测面积约为 7.06 万 km²。

2021 年 12 月与上年同期相比，浅层地下水位上升区面积约为 119.56 万 km²，占比约为 59.09%；水位下降区面积约为 82.77 万 km²，占比约为 40.91%。深层地下水位上升区面积约为 31.78 万 km²，占比约为 68.07%；水位下降区面积约为 14.91 万 km²，占比约为 31.93%。

北方地区 13 个平原盆地中以浅层地下水位上升为主的有辽河平原、华北平原、汾渭盆地、黄淮平原、松嫩平原、柴达木盆地、塔里木盆地等 7 个，其中，辽河平原、华北平原、汾渭盆地、黄淮平原、松嫩平原上升区面积占比在 80% 以上。华北平原地下水位平均上升 2.54m，水位升幅大于 0.5m 的显著上升区面积占比高达 82.52%；辽河平原地下水位平均上升 0.73m，水位显著上升区占比达到 60.46%。以浅层地下水位下降为主的有三江平原、鄂尔多斯盆地、准噶尔盆地、河西走廊、银川平原、河套平原等 6 个，其中，三江平原地下水位整体下降，平均水位降幅为 0.54m，下降区面积占比高达 98.99%，水位年度下降 0~0.5m 区域占比为

41.76%，水位降幅超过 0.5m 的显著下降区面积占比达 57.23%，仅在松花江两岸局部水位上升；鄂尔多斯盆地、河套平原水位显著下降区面积占比分别为 26.88% 和 21.05%。5 个开采深层地下水的平原盆地深层地下水统测面积为 39.62 万 km²，以深层地下水位上升为主的有华北平原、松嫩平原、汾渭盆地、黄淮平原等 4 个平原盆地，其中，华北平原深层地下水位平均上升 4.19m，上升区面积占比达 92.18%，地下水位显著上升区占比高达 87.91%，汾渭盆地、黄淮平原、松嫩平原地下水位显著上升区占比分别达 43.24%、34.82% 和 33.81%；以深层地下水位下降为主的平原盆地为银川平原，下降区面积占比 64.06%。

南方地区 4 个平原区中，以浅层地下水位上升为主的有珠江三角洲平原和四川盆地，上升区面积占比分别为 75.22% 和 61.22%；以浅层地下水位下降为主的为江汉 – 洞庭湖平原，下降区面积占比为 78.68%，显著下降区面积占比为 33.69%。以深层地下水位上升为主的长江三角洲平原上升区面积占比为 92.62%，升幅不超过 0.5m；江汉 – 洞庭湖平原以深层地下水位下降为主，下降区占比为 68.64%（表 5.4）。

表 5.4　17 个主要平原盆地 2021 年 12 月较上年同期地下水位变化状况表

序号	平原盆地名称	层位	不同水位变差区面积 / 万 km²							
			上升区				下降区			
			显著	一般	合计	占比 /%	显著	一般	合计	占比 /%
1	松嫩平原	浅层	4.47	10.57	15.04	82.08	0.40	2.88	3.28	17.92
		深层	3.16	4.92	8.08	86.46	0.25	1.02	1.27	13.54
2	辽河平原	浅层	5.69	3.36	9.05	96.18	0.03	0.33	0.36	3.82
3	三江平原	浅层	0	0.04	0.04	1.01	2.26	1.65	3.91	98.99
4	华北平原	浅层	10.40	0.91	11.31	89.75	0.49	0.81	1.29	89.75
		深层	9.47	0.46	9.93	92.18	0.57	0.27	0.84	7.82
5	黄淮平原	浅层	8.55	7.45	16.00	84.90	—	2.84	2.85	15.10
		深层	5.33	2.71	8.04	52.49	4.09	3.19	7.28	47.51
6	鄂尔多斯盆地	浅层	0.10	0.91	1.01	12.95	2.10	4.69	6.79	87.05
7	河套平原	浅层	0.60	0.65	1.25	49.79	0.53	0.73	1.26	50.21
8	银川平原	浅层	0.02	0.29	0.31	46.98	0.10	0.25	0.35	53.02
		深层	0.06	0.13	0.19	35.94	0.16	0.17	0.34	64.06
9	汾渭平原	浅层	1.80	1.12	2.92	86.50	0.27	0.18	0.49	13.50
		深层	1.58	1.34	2.92	79.85	0.51	0.23	0.74	21.15
10	准噶尔盆地	浅层	0.27	4.23	4.50	21.07	0.68	7.81	8.49	78.93

序号	平原盆地名称	层位	不同水位变差区面积 / 万 km²							
			上升区				下降区			
			显著	一般	合计	占比 /%	显著	一般	合计	占比 /%
11	塔里木盆地	浅层	0.48	28.67	29.14	51.70	1.15	26.12	27.27	48.30
12	河西走廊	浅层	0.14	5.54	5.69	31.70	1.34	9.42	10.76	68.30
13	柴达木盆地	浅层	0.28	8.69	8.97	75.30	0.24	2.70	2.94	24.70
14	四川盆地	浅层	4.15	6.76	10.91	61.22	1.65	5.26	6.91	38.78
15	江汉 – 洞庭湖平原	浅层	0.87	0.53	1.40	21.32	2.21	2.95	5.15	78.68
		深层	1.38	0.64	2.03	31.54	1.92	2.49	4.40	68.46
16	长江三角洲平原	深层	—	0.59	0.59	92.62	—	0.05	0.05	7.38
17	珠江三角洲平原	浅层	0.33	1.71	2.03	75.22	0.14	0.53	0.67	24.78
	总计	浅层	38.14	81.42	119.56	59.09	13.58	69.16	82.77	40.91
		深层	20.99	10.80	31.78	68.07	7.50	7.41	14.91	31.93

第二节 地下水位降落漏斗状况及年度变化

2021 年地下水低水位期，全国 50km² 以上地下水位降落漏斗 35 个，总面积约为 6.05 万 km²，其中，浅层漏斗 14 个，总面积约为 2.50 万 km²，主要分布在华北平原、黄淮平原、松辽平原、三江平原、汾渭盆地、大同盆地、银川平原、河西走廊、准噶尔盆地和塔里木盆地等地；深层漏斗 21 个，总面积约为 3.55 万 km²，主要分布在华北平原、黄淮平原、汾渭盆地、准噶尔盆地等地。与 2020 年低水位期相比，35 个地下水位降落漏斗总面积减少 723.1km²，其中浅层地下水漏斗面积减少 3.2km²，深层地下水漏斗面积减少 719.9km²。另有 1 个漏斗消失，位于吉林乾安，漏斗总面积合计减少 1078.1km²（表 5.5、表 5.6 和附图 9）。

表 5.5　全国主要流域地下水漏斗信息一览表（2020~2021 年）

流域名称	浅层漏斗				深层漏斗				漏斗合计			
	数量/个	面积 /km²			数量/个	面积 /km²			数量/个	面积 /km²		
		2020 年	2021 年	2020~2021年变化		2020 年	2021 年	2020~2021年变化		2020 年	2021 年	2020~2021年变化
海河流域	7	15764	16385	621	4	26070	25226	−844	11	41834	41611	−223
黄河流域	1	2282	1787	−495	8	1181	908	−272	9	3462	2695	−767
松江流域	3	5673	5545	−128	2	1362	705	−657	5	7035	6250	−785
淮河流域	—	—	—	—	5	7186	7950	764	5	7186	7950	764
长江流域	—	—	—	—	1	513	513	0	1	513	513	0
西北干旱内流盆地	3	1317	1316	−1	1	295	230	−65	4	1612	1546	−66
合计	14	25036	25033	−3	21	36606	35532	−1075	35	61642	60564	−1078

表 5.6　全国主要地下水漏斗信息一览表（2019~2021 年）

序号	漏斗名称	漏斗中心点所在地	漏斗层位	漏斗面积 /km²				
				2019 年	2020 年	2021 年	2019~2020 年变化	2020~2021 年变化
1	邯郸肥乡－广平漏斗	河北邯郸	浅层	1894.1	2035.5	1968.6	141.5	−66.9
2	平乡－曲周漏斗	河北邢台	浅层	411.1	356.8	412.0	−54.3	55.2
3	宁柏隆－高蠡清－徐水保定漏斗	河北邢台－衡水－保定	浅层	9744.1	9536.6	9723.0	−207.5	186.4
4	雄县霸州漏斗	河北保定	浅层	1620.5	1989.1	1738.5	368.7	−250.7
5	北京顺义－廊坊三河漏斗	北京顺义－河北廊坊	浅层	625.4	873.6	1129.7	248.2	256.1
6	滦南－乐亭漏斗	河北唐山	浅层	240.1	149.3	445.1	−90.8	295.8
7	唐海漏斗	河北唐山	浅层	305.1	823.1	968.3	518.0	145.1
8	天津－沧州－衡水－德州－邢台连片漏斗	河北衡水	深层	23885.0	23799.8	22669.6	−85.2	−1130.2
9	宁河－汉沽漏斗	天津宁河区	深层	517.5	486.5	691.4	−31.0	204.9
10	乐亭漏斗	河北唐山	深层	342.3	191.4	210.5	−150.9	19.0
11	肥乡漏斗	河北邯郸	深层	992.8	1592.3	1654.1	599.6	61.8
12	大荔南部沙苑漏斗	陕西渭南	中层	195.2	147.6	120.5	−47.6	−27.1
13	西安城区漏斗	陕西西安	中层	70.9	70.9	67.0	0.0	−3.9
14	石嘴山市大武口水源地漏斗	宁夏大武口	中层	53.5	34.0	22.4	−19.5	−11.7
15	银川市北郊水源地漏斗	宁夏银川	中层	170.2	66.0	9.0	−104.2	−57.0
16	太原城区漏斗	山西太原	深层	86.2	120.9	104.5	34.7	−16.4
17	介休市宋古乡漏斗	山西晋中	深层	222.1	234.0	239.4	11.9	5.4

序号	漏斗名称	漏斗中心点所在地	漏斗层位	漏斗面积 /km²				
				2019 年	2020 年	2021 年	2019~2020 年变化	2020~2021 年变化
18	临汾尧都区 – 襄汾县漏斗	山西临汾	深层	342.8	346.4	231.0	3.5	−115.3
19	呼和浩特市区水源地漏斗	内蒙古呼和浩特	深层	160.8	160.8	114.5	0.0	−46.3
20	清丰南乐漏斗	河南濮阳	浅层	2233.5	2281.8	1786.8	48.3	−495.0
21	建三江漏斗	黑龙江建三江垦区	浅层	3400.0	3518.0	3669.0	118.0	151.0
22	松北漏斗	黑龙江哈尔滨	浅层	183.5	114.8	150.2	−68.8	35.4
23	通辽漏斗	内蒙古通辽	浅层	1911.0	2040.0	1725.8	129.0	−314.3
24	乾安漏斗	吉林乾安	深层	355.0	355.0	0.0	0.0	−355.0
25	大庆漏斗	黑龙江大庆	深层	254.0	572.0	342.8	318.0	−229.2
26	盘锦漏斗	辽宁盘锦	深层	424.0	435.0	362.5	11.0	−72.5
27	山东菏泽漏斗	山东菏泽	深层	647.2	928.0	510.5	−24.9	333.1
	山东定陶漏斗	山东菏泽		305.7		750.6		
28	河南民权 – 宁陵漏斗	河南商丘	深层	2319.2	2701.2	3001.0	382.0	299.8
29	安徽砀山漏斗	安徽宿州	深层	888.9	962.7	1067.4	73.8	104.6
30	安徽亳州南漏斗	安徽亳州	深层	591.2	746.8	639.5	155.6	−107.3
31	安徽阜阳 – 太和连片漏斗	安徽阜阳	深层	1419.5	1847.3	1980.8	427.8	133.5
32	苏锡常地下水漏斗	江苏无锡	深层	545.5	512.7	512.7	−32.8	0
33	民勤漏斗	甘肃武威	浅层	450.1	421.6	433.4	−28.6	11.8
34	昌宁漏斗	甘肃武威	浅层	101.5	82.9	64.7	−18.6	−18.2
35	库尔勒漏斗	新疆库尔勒	浅层	853.7	812.4	817.4	−41.3	5.0
36	石河子莫索湾漏斗	新疆石河子	深层	413.0	295.0	230.0	−118.0	−65.0
合计				59176.0	61641.8	60563.9	2465.8	−1078.1

注：漏斗面积变化为正数表示面积增大，为负数表示面积减小。

2021 年，华北平原 7 个浅层地下水位降落漏斗总面积为 16385.1km²，与上年同期相比增加 621km²，但漏斗中心水位均上升，面积最大的宁柏隆 – 高蠡清 – 徐水保定复合漏斗面积增加 186.4km²，漏斗中心水位埋深减少 7.4m；深层地下水位降落漏斗面积减少，4 个漏斗面积共减少 844.4km²，其中，最大的天津 – 沧州 – 衡水 – 德州 – 邢台连片漏斗面积减少 1130.2km²，漏斗中心水位上升 0.6m。受 2021 年 7 月后汛期极端强降水，以及南水北调水源置换、河湖生态补水等影响，2021 年 12 月与上年同期相比，华北平原浅层和深层地下水位降落漏斗面积均显著减小。浅层地下水位降落漏斗总面积减少了 1626.0km²，其中，宁柏隆 – 高蠡清 – 徐水保定漏斗面积减少 1119.5km²；深层地下水位降落漏斗总面积减少 5258.3km²，其中，天津 – 沧州 – 衡水 – 德州 – 邢台连片地下水复合漏斗减少 5553.9km²。

2021 年高水位期，三江平原建三江垦区地下水位降落漏斗面积约为 3669.0km²，较上年同期增加 151.0km²，漏斗中心水位上升 0.1m。松辽平原浅层和深层漏斗总面积均减少，浅层漏斗总面积约为 1875.9km²，减少 278.8km²，最大的通辽漏斗面积减少 314.3km²；深层漏斗总面积约为 705.3km²，减少 656.7km²，最大的盘锦漏斗面积减少 72.5km²。黄淮平原地下水位降落漏斗均为深层漏斗，总面积仍在扩大，最大的河南民权－宁陵漏斗面积增加 299.8km²；中心水位埋深最大的山东菏泽和定陶漏斗水位下降 1.8 m。河西走廊、准噶尔盆地、塔里木盆地等西北内流区地下水位降落漏斗面积减少，最大的库尔勒漏斗面积减少了 36.3km²（2019~2021 年）。

第三节　地下水开采问题区水位动态

一、地面沉降区地下水位动态

调查显示，我国地面沉降区主要分布在华北平原、黄淮平原、下辽河平原和汾渭平原等大型平原盆地区。

2021 年 12 月与上年同期相比，华北平原、黄淮平原、下辽河平原和汾渭平原地面沉降区浅层地下水以上升为主，上升区面积比例分别是 85.72%、93.98%、70.56% 和 89.65%。华北平原和汾渭平原地面沉降区深层地下水以上升为主，上升区面积比例分别为 93.88% 和 67.72%，黄淮平原地面沉降区深层地下水以下降为主，下降区面积比例为 52.67%（表 5.7）。

表 5.7　主要地面沉降区 12 月地下水位变化（2020~2021 年）

地区名	地下水层位	地面沉降区地下水位变化面积占比 /%	
		下降区	上升区
华北平原	浅层	14.28	85.72
	深层	6.12	93.88

续表

地区名	地下水层位	地面沉降区地下水位变化面积占比 /%	
		下降区	上升区
黄淮平原	浅层	6.02	93.98
	深层	52.67	47.33
下辽河平原	浅层	29.44	70.56
汾渭平原	浅层	10.35	89.65
	深层	32.28	67.72

二、地下水超采区地下水位动态

根据水利部门划分的地下水超采区，本次重点分析华北平原、黄淮平原、松嫩平原、辽河平原、汾渭平原、准噶尔盆地等平原盆地地下水超采区水位动态状况。

2021 年 12 月与上年同期相比，主要地下水超采区地下水位动态如表 5.8 所示。华北平原、黄淮平原和汾渭平原浅层地下水超采区地下水位以上升为主，上升区面积占比分别为 85.79%、93.99% 和 89.42%；松嫩平原、辽河平原和准噶尔盆地中浅层地下水超采区地下水位以下降为主，下降区面积占比分别为 71.85%、57.98% 和 95.14%；黄淮平原深层地下水超采区地下水位以下降为主，下降区面积占比为 54.62%，松嫩平原深层地下水超采区地下水位以上升为主，上升区面积占比接近 100%（99.95%）。

表 5.8　12 月主要地下水超采区地下水位变化统计表（2020~2021 年）

地区名	地下水层位	地下水超采区水位变化面积占比 /%	
		下降区	上升区
华北平原	浅层	14.21	85.79
	深层	3.01	96.99
黄淮平原	浅层	6.01	93.99
	深层	54.62	45.38
松嫩平原	浅层	71.85	28.15
	深层	0.05	99.95
辽河平原	浅层	57.98	42.02
汾渭平原	浅层	10.58	89.42
准噶尔盆地	浅层	95.14	4.86

第六章

结　论

（1）年度全国地下水资源量为 9022.54 亿 m³，南方地区占 65.95%，以山丘区含水层为主，难以有效和规模化利用；北方地区占 34.05%，平原盆地含水层分布广、储存能力大，有利于开发利用。

（2）全国 20.4% 的地下水为可直接作为饮用水源，33.4% 的地下水适当处理后可作为饮用水源。与 2020 年相比地下水质量总体稳中向好，影响水质的主要天然指标有锰、铁、总硬度、溶解性总固体等 10 项，主要人为活动指标有氨氮、硝酸盐等 4 项。

（3）全国 17 主要平原盆地地下水位以上升为主，华北平原浅层地下水位平均上升 2.54m，深层地下水位平均上升 4.19m；三江平原、江汉 – 洞庭湖平原地下水位下降明显，其中三江平原浅层地下水位平均下降 0.54m。

（4）全国 17 个主要平原盆地地下水储存量净增加 408.34m³，其中华北平原净增加 210.9 亿 m³；但三江平原净减少 38.95m³，主要是受灌溉期降水量明显减少的影响。

（5）全国 35 个主要地下水位降落漏斗总面积约为 6.05 万 km²，主要分布在北方地区。与上年相比，1 个漏斗消失，总面积净减少 1078.1km²，华北平原深层地下水位降落漏斗面积减小明显。

（6）针对京津冀协同发展区、长江经济带、粤港澳大湾区、黄河流域生态保护和高质量发展区、北部湾城市群、西北生态脆弱区和国家商品粮基地，划定 38 个国家级地下水战略储备重点区，为国家地下水战略储备和应急供水提供了依据。

附　　录

附录一　附　　表

附表 1.1　地下水资源一级区降水量状况表（2021 年）

序号	一级区名称	编号	2021 年年降水量 /mm	2021 年年降水资源量 /亿 m³	2020 年降水量 /mm	与 2020 年相比上年降水量变化 /mm	与 2020 年度变化率 /%	多年平均(1956~2016年)降水量 /mm	与多年平均降水量变化 /mm	与多年平均降水量变化率 /%
1	松花江流域地下水资源区	GA	664.67	6136.82	639.58	25.09	3.92	501.60	163.07	32.51
2	辽河流域地下水资源区	GB	780.07	2458.08	563.66	216.41	38.39	533.90	246.17	46.11
3	海河流域地下水资源区	GC	822.18	2619.78	571.27	250.90	43.92	527.10	295.08	55.98
4	黄河流域地下水资源区	GD	588.19	4664.64	523.36	64.83	12.39	452.20	135.99	30.07
5	淮河流域地下水资源区	GE	1057.54	3303.80	1031.80	25.74	2.49	838.20	219.34	26.17
6	准噶尔盆地地下水资源区	GK I	158.24	712.54	165.8	−7.56	−11.49			
7	塔里木盆地地下水资源区	GK II	92.62	1018.78	99.52	−6.90	−6.94			
8	羌塘内流河湖地下水资源区	GK III	242.00	1697.13	188.98	53.02	28.06	165.00	9.14	5.54
9	河西走廊及北山地下水资源区	GK IV	153.08	754.53	102.01	51.06	50.06			
10	柴达木–青海湖盆地下水资源区	GK V	187.52	603.98	211.06	−23.53	−11.15			
11	内蒙古高原地下水资源区	GKVI	366.00	1055.27	318.23	47.77	15.01			
	北方小计		415.88	25025.35	372.76	43.12	11.57	329.30	86.58	26.29
12	长江流域地下水资源区	GF	1116.18	19696.24	1168.46	−52.29	−4.47	1080.20	35.98	3.33
13	东南诸河流域地下水资源区	GG	1738.13	4210.91	1554.37	183.76	11.82	1810.20	−72.07	−3.98
14	珠江流域地下水资源区	GH	1352.12	7867.01	1555.33	−203.18	−13.06	1557.60	−205.48	−13.19
15	西南诸河流域地下水资源区	GJ	1101.18	9383.71	1091.9	9.28	0.85	1091.60	9.58	0.88
	南方小计		1196.15	41157.87	1187.53	8.62	0.73	1215.10	−18.95	−1.56
	全国合计		699.74	66183.23	669.17	30.57	4.57	651.50	48.24	7.40

附表 1.2　地下水资源一级区地下水资源量表（2021 年）

编号	地下水资源一级区名称	山丘区地下水资源量 / 亿 m³	平原区地下水资源量 / 亿 m³	山丘区与平原区重复量 / 亿 m³	地下水资源量 / 亿 m³	地下水资源模数 /[万 m³/(km²·a)]
GA	松花江流域地下水资源区	300.22	272.27	4.68	567.80	6.15
GB	辽河流域地下水资源区	113.50	188.07	11.61	289.96	9.20
GC	海河流域地下水资源区	162.46	245.11	22.75	384.82	12.08
GD	黄河流域地下水资源区	314.45	182.52	19.81	477.16	6.02
GE	淮河流域地下水资源区	148.66	384.35	6.32	526.69	16.86

编号	地下水资源一级区名称	山丘区地下水资源量 / 亿 m³	平原区地下水资源量 / 亿 m³	山丘区与平原区重复量 / 亿 m³	地下水资源量 / 亿 m³	地下水资源模数 /[万 m³/(km²·a)]
GK I	准噶尔盆地地下水资源区	159.79	127.43	55.53	231.69	5.15
GK II	塔里木盆地地下水资源区	166.72	174.02	72.67	268.07	2.44
GK III	羌塘内流河湖地下水资源区	155.78	—	—	155.78	2.22
GK IV	河西走廊及北山地下水资源区	32.26	39.52	11.94	59.85	1.15
GK V	柴达木 – 青海湖盆地地下水资源区	47.44	44.30	33.38	58.36	2.44
GK VI	内蒙古高原地下水资源区	23.22	28.61	0	51.83	1.79
	北方合计	1624.51	1686.19	238.68	3072.02	5.15
GF	长江流域地下水资源区	2122.16	319.04	4.32	2436.88	13.81
GG	东南诸河流域地下水资源区	449.58	95.51	—	545.09	22.50
GH	珠江流域地下水资源区	1280.07	314.40	—	1594.47	27.40
GJ	西南诸河流域地下水资源区	1374.09	—	—	1374.09	16.15
	南方合计	5225.89	728.95	4.32	5950.52	17.30
	全国合计	6850.40	2415.14	243.00	9022.54	9.60

注："—"表示无该类地下水资源。

附表 1.3　全国 17 个主要平原盆地基本情况表

序号	平原盆地名称	面积 / 万 km²	所在地下水资源一级区	涉及主要省（自治区、直辖市）
1	松嫩平原	18.21	松花江流域	吉林、黑龙江
2	辽河平原	9.75	辽河流域	辽宁、内蒙古、吉林
3	三江平原	4.10	松花江流域	黑龙江
4	华北平原	13.81	海河流域	北京、天津、河北、河南、山东
5	黄淮平原	20.95	淮河流域	河南、山东、安徽、江苏
6	鄂尔多斯盆地	14.65	黄河流域	内蒙古、宁夏、陕西、甘肃
7	河套平原	2.87	黄河流域	内蒙古
8	银川平原	0.75	黄河流域	宁夏
9	汾渭盆地	3.70	黄河流域	陕西、山西
10	准噶尔盆地	12.99	准噶尔盆地	新疆
11	塔里木盆地	56.37	塔里木盆地	新疆
12	河西走廊	16.45	河西走廊及北山	甘肃、内蒙古
13	柴达木盆地	11.91	柴达木 – 青海湖盆地	青海
14	四川盆地	23.24	长江流域	四川
15	江汉 – 洞庭湖平原	6.62	长江流域	湖北、湖南
16	长江三角洲平原	4.78	长江流域	上海、江苏、浙江
17	珠江三角洲平原	2.70	珠江流域	广东

附表 1.4　省级行政区地下水资源量表（2021 年）

序号	省（自治区、直辖市）名称	山丘区地下水资源量 / 亿 m³	平原区地下水资源量 / 亿 m³	山丘区与平原区重复量 / 亿 m³	地下水资源量 / 亿 m³	地下水资源模数 /[万 m³/(km²•a)]
1	北京市	13.69	25.21	5.13	33.77	20.60
2	天津市	1.53	10.69	0.43	11.79	10.42
3	河北省	83.54	141.09	14.90	209.73	11.23
4	山西省	113.46	28.52	6.57	135.41	8.63
5	内蒙古自治区	188.97	195.60	11.34	373.23	3.19
6	辽宁省	69.88	88.76	8.08	150.56	10.26
7	吉林省	64.45	72.93	3.06	134.32	7.03
8	黑龙江省	150.34	191.88	0.74	341.48	7.54
9	上海市	—	11.18	—	11.18	17.75
10	江苏省	21.19	120.79	0.07	141.91	19.07
11	浙江省	252.43	35.82	0.01	288.24	27.92
12	安徽省	74.35	169.29	1.63	242.01	17.85
13	福建省	214.70	25.81	—	240.51	19.69
14	江西省	189.88	19.09	0.48	208.50	12.50
15	山东省	101.57	131.43	6.20	226.80	14.63
16	河南省	84.92	188.52	9.32	264.12	15.98
17	湖北省	216.15	85.95	1.17	300.93	16.15
18	湖南省	386.74	38.66	1.11	424.29	20.03
19	广东省	327.22	213.08	—	540.30	29.81
20	广西壮族自治区	544.47	60.81	—	605.28	25.58
21	海南省	87.24	37.63	—	124.87	36.76
22	重庆市	123.52	—	—	123.52	14.97
23	四川省	515.50	49.52	0.08	564.94	11.60
24	贵州省	385.40	—	—	385.40	22.20
25	云南省	711.28	—	—	711.28	18.48
26	西藏自治区	1022.56	—	—	1022.56	8.51
27	陕西省	174.37	39.14	0.34	213.17	10.36
28	甘肃省	101.94	33.01	10.59	124.36	2.92
29	青海省	279.02	43.62	32.90	289.74	4.78
30	宁夏回族自治区	2.88	14.54	0.66	16.76	3.22
31	新疆维吾尔自治区	333.33	301.45	128.20	506.58	3.11
32	台湾省	13.87	38.24	—	52.11	14.40
33	香港特别行政区	—	2.84	—	2.84	26.55
34	澳门特别行政区	—	0.04	—	0.04	18.89
	全国合计	6850.40	2415.14	243.00	9022.54	9.60

注："—"表示无该类地下水资源。

附表 1.5　全国地下水资源一级区地下水质量状况表（2020~2021 年）

序号	地下水资源一级区	样品数 / 个	I~III 类水占比 /%		IV 类水占比 /%		V 类水占比 /%	
			2020 年	2021 年	2020 年	2021 年	2020 年	2021 年
1	松花江流域地下水资源区	985	8.3	8.1	26.2	28.3	65.5	63.6
2	辽河流域地下水资源区	646	26.0	9.6	41.5	43.7	32.5	46.7
3	海河流域地下水资源区	1556	17.7	19.5	30.1	27.6	52.2	52.9
4	黄河流域地下水资源区	1639	21.3	21.4	31.2	32.0	47.5	46.7
5	淮河流域地下水资源区	1252	5.6	7.9	44.6	45.2	49.8	46.9
6	长江流域地下水资源区	1860	25.7	28.7	33.7	33.8	40.6	37.5
7	东南诸河流域地下水资源区	464	10.1	15.7	34.5	31.3	55.4	53.0
8	珠江流域地下水资源区	761	25.4	25.9	36.4	37.5	38.2	36.7
9	西南诸河流域地下水资源区	171	55.6	62.0	14.0	20.5	30.4	17.5
10	准噶尔盆地下水资源区	237	9.3	24.1	13.5	34.6	77.2	41.4
11	塔里木盆地下水资源区	173	8.7	26.6	12.7	22.5	78.6	50.9
12	羌塘内流河湖地下水资源区	1	100.0	100.0	0	0	0	0
13	柴达木-青海湖盆地下水资源区	284	28.9	31.0	24.6	23.6	46.5	45.4
14	河西走廊及北山地下水资源区	109	68.8	65.1	14.7	22.9	16.5	11.9
15	内蒙古高原地下水资源区	33	33.3	30.3	36.4	39.4	30.3	30.3
	全国合计	10171	19.3	20.4	32.5	33.4	48.2	46.1

附表 1.6　地下水资源一级区地下水质量变化表（2020~2021 年）

序号	地下水资源一级区名称	样品数 / 个	水质变化点占比 /%		
			变差的	变好的	稳定的
1	松花江流域地下水资源区	985	8.9	9.6	81.4
2	辽河流域地下水资源区	646	36.8	16.3	46.9
3	海河流域地下水资源区	1556	13.6	15.7	70.7
4	黄河流域地下水资源区	1639	15.7	14.3	69.9
5	淮河流域地下水资源区	1252	12.4	17.1	70.5
6	长江流域地下水资源区	1860	17.0	21.1	61.9
7	东南诸河流域地下水资源区	464	7.1	16.8	76.1
8	珠江流域地下水资源区	761	19.8	21.4	58.7
9	西南诸河流域地下水资源区	171	26.3	21.6	52.0
10	准噶尔盆地下水资源区	237	6.8	43.9	49.4
11	塔里木盆地下水资源区	173	6.9	36.4	56.6
12	羌塘内流河湖地下水资源区	1	0	0	100.0
13	柴达木-青海湖盆地下水资源区	284	13.4	12.3	74.3
14	河西走廊及北山地下水资源区	109	22.0	17.4	60.6
15	内蒙古高原地下水资源区	33	18.2	3.0	78.8
	全国合计	10171	15.6	17.6	66.8

附录二　基 本 术 语

　　地下水统测：在完整的自然单元或行政单元，在规定的时段内，按一定的监测密度开展地下水位和流量等要素的监测。地下水统测一般在一个水文年内低水位期或高水位期开展，注意避开地下水大规模开采期。

　　地下水高水位期：在一个水文年内非地下水集中开采期的地下水位（头）处于较高水位状态的时期。

　　地下水低水位期：在一个水文年内非地下水集中开采期的地下水位（头）处于较低水位状态的时期。

　　地下水资源评价：获取地下水资源的数量、质量、可开采量、储存量及可更新能力等活动的总称。

　　地下水资源量：由大气降水与地表水补给形成的，参与现代水循环且逐年更新的地下水量，一般用多年平均更新的地下水量表示。

　　地下水储存量：赋存于潜水面以下含水（层）系统中水体的总量。

　　地下水资源分区：基于地下水系统补给、径流、排泄特征，为地下水资源评价和统计而逐级划分的空间单元。

　　地下水资源评价单元：为地下水资源评价而选取的适当级次的地下水资源区，是地下水均衡分析和误差识别的基本单元。

　　地下水资源评价子单元：为汇总地下水资源数量和质量，依据水资源分区、水文地质分区、行政区等界线将评价单元进一步划分的区块。

　　地下水质量：地下水的物理、化学和生物性质的总称。

　　常规指标：反映地下水质量基本状况的指标，包括感官性状及一般化学指标、微生物指标、常见毒理学指标和放射性指标。

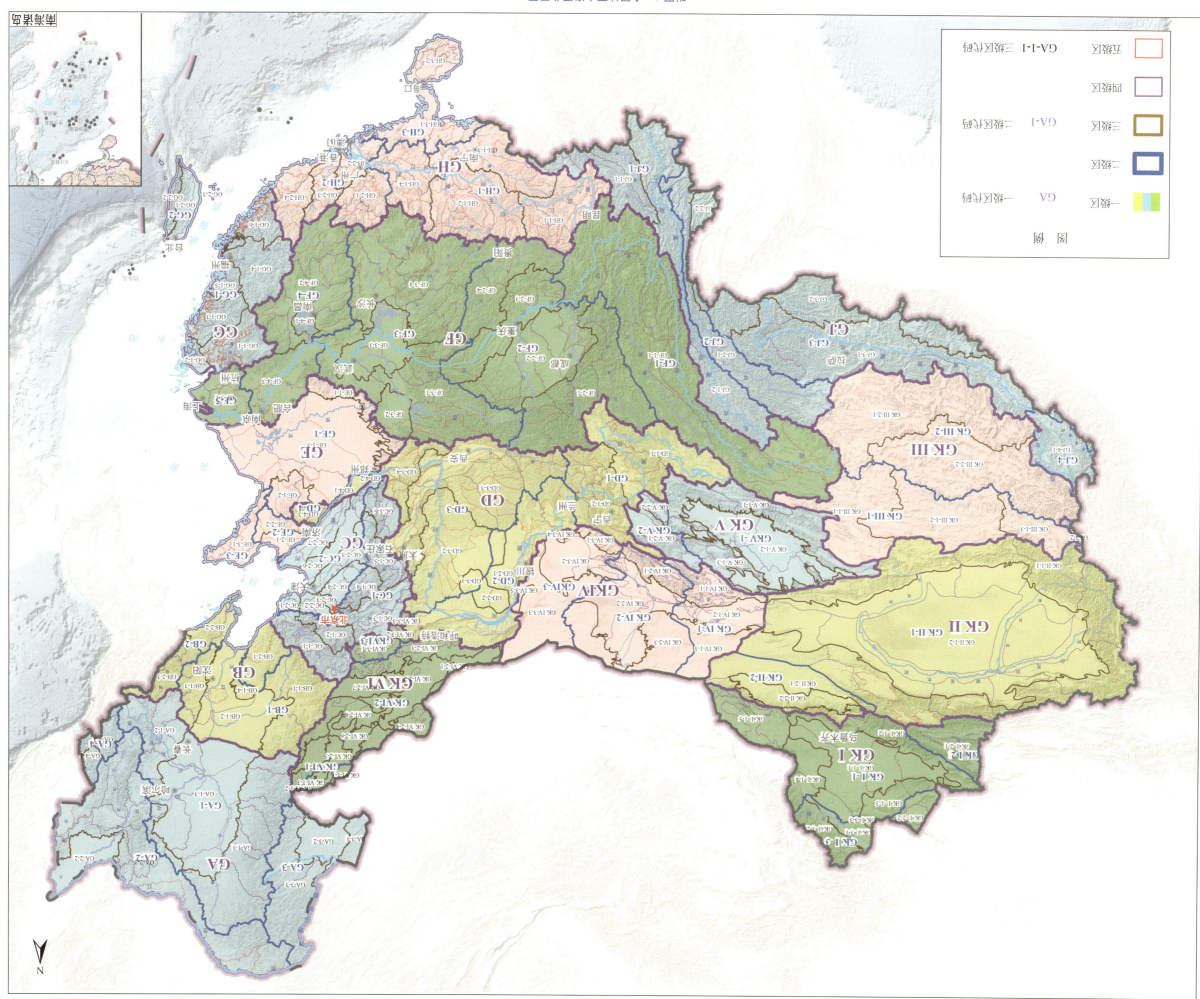

附图 1 全国地下水资源分区图

附 图

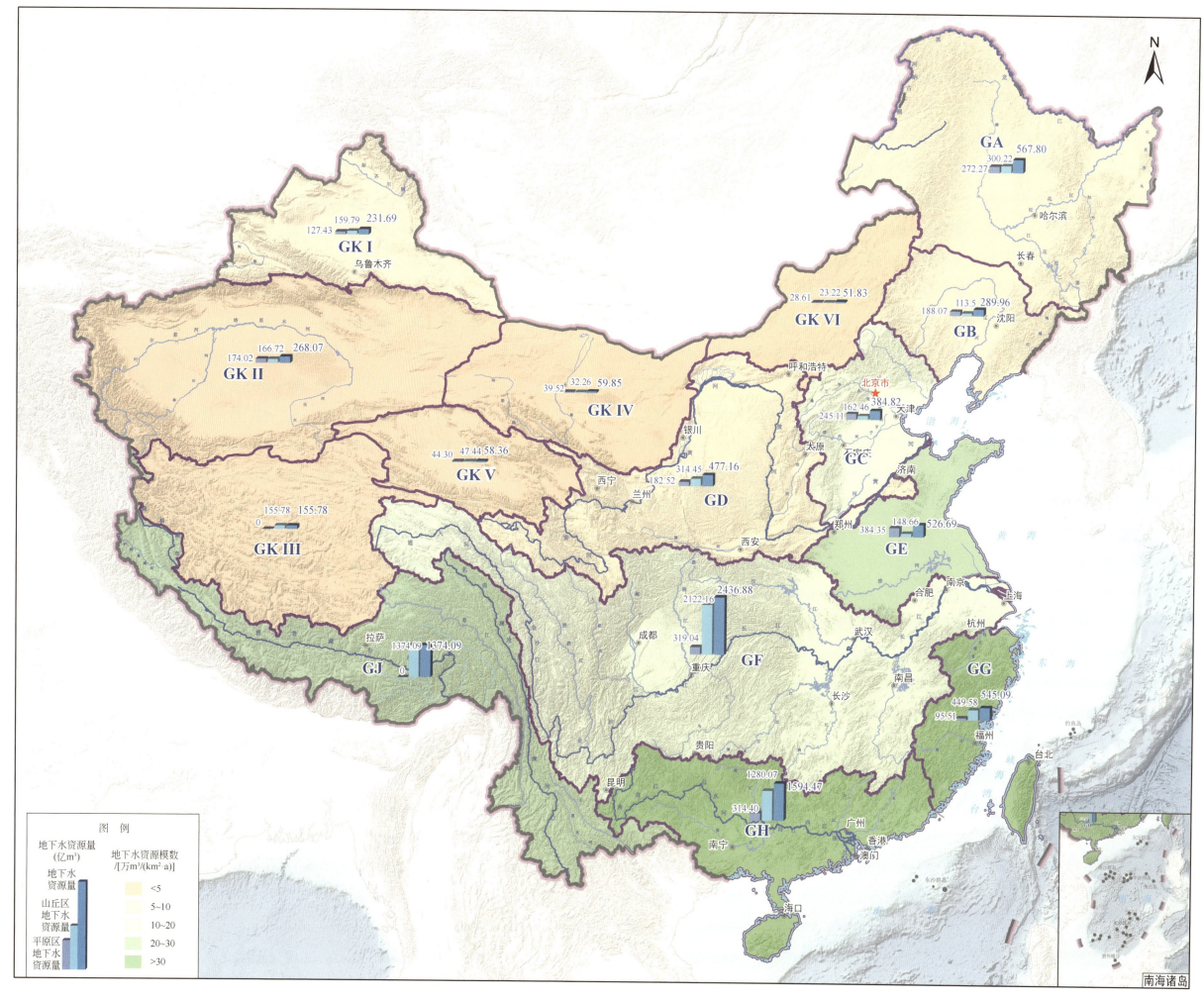

附图3　全国地下水资源一级区地下水资源量图（2021年）

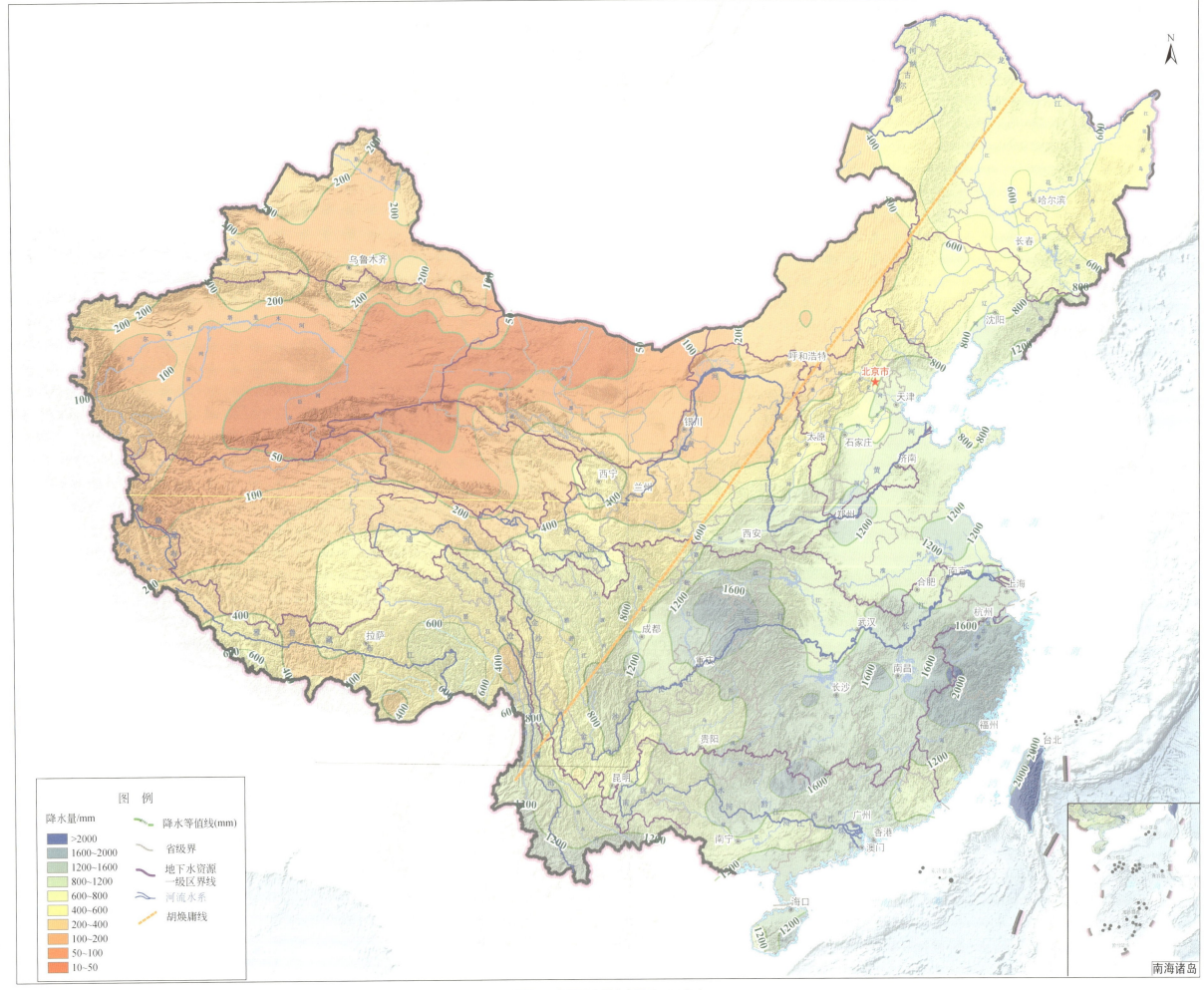

附图 2　全国降水量分布图（2021 年）

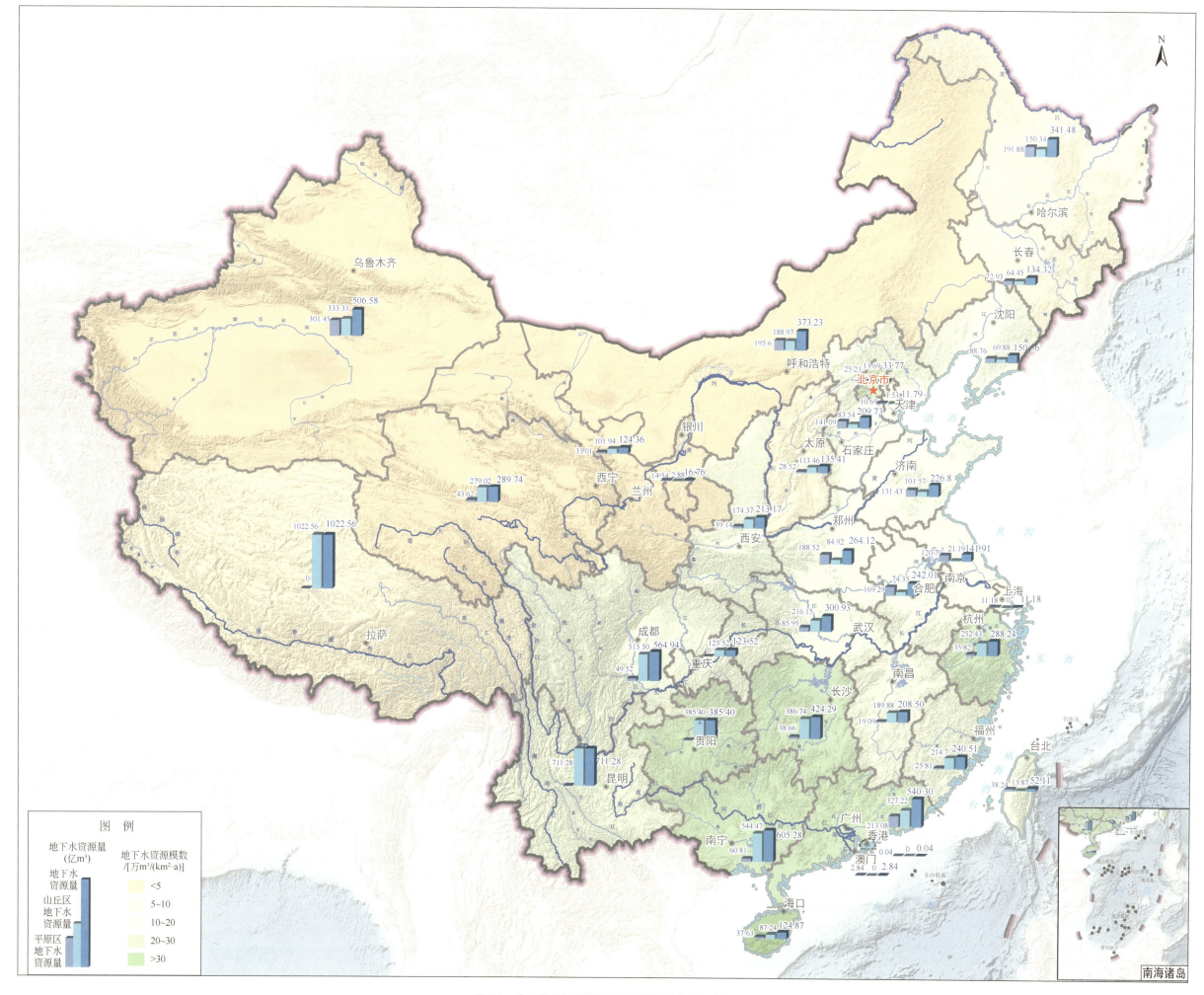

附图5 全国省级行政区地下水资源量图（2021年）

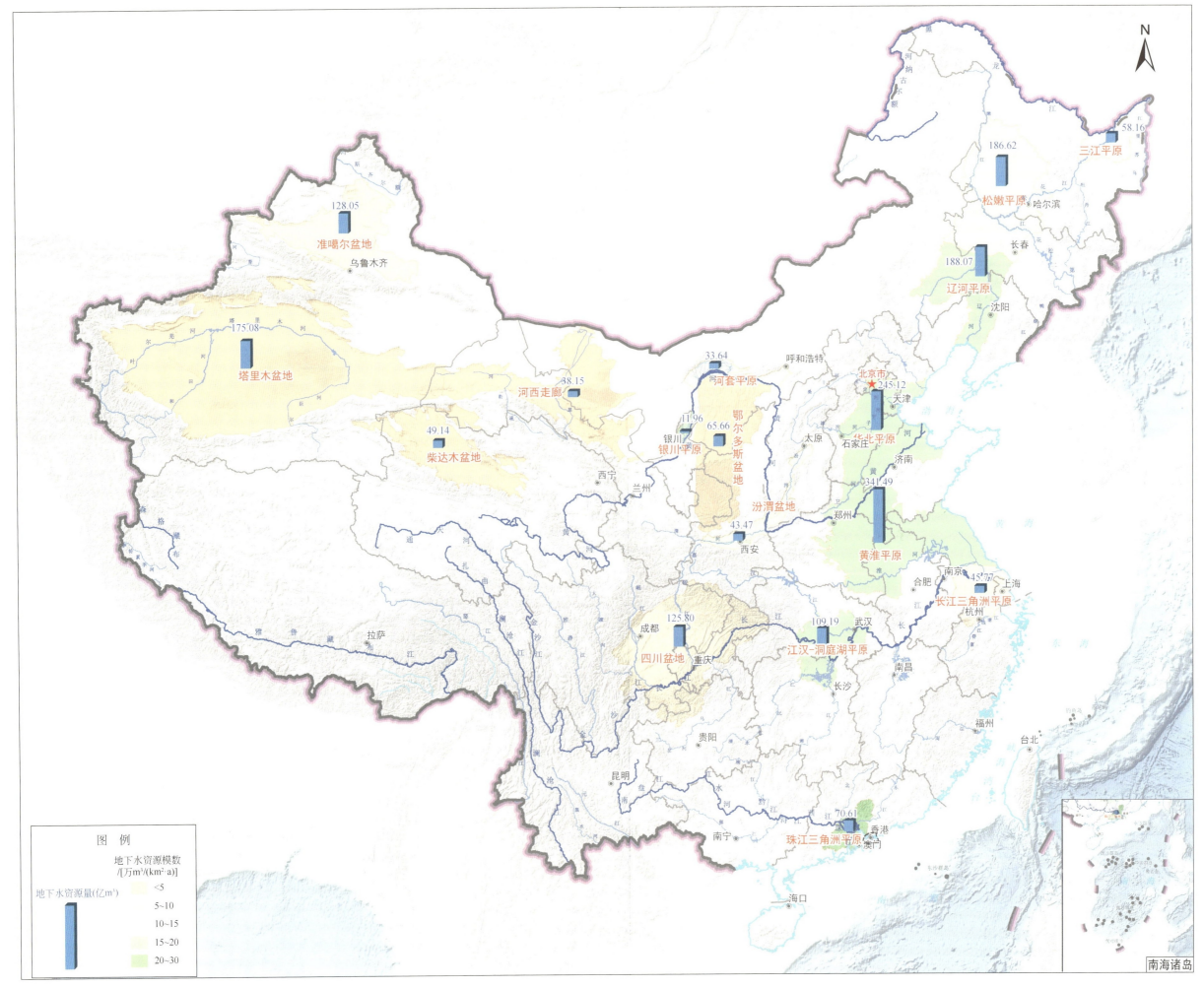

附图4 全国主要平原盆地地下水资源量图（2021年）

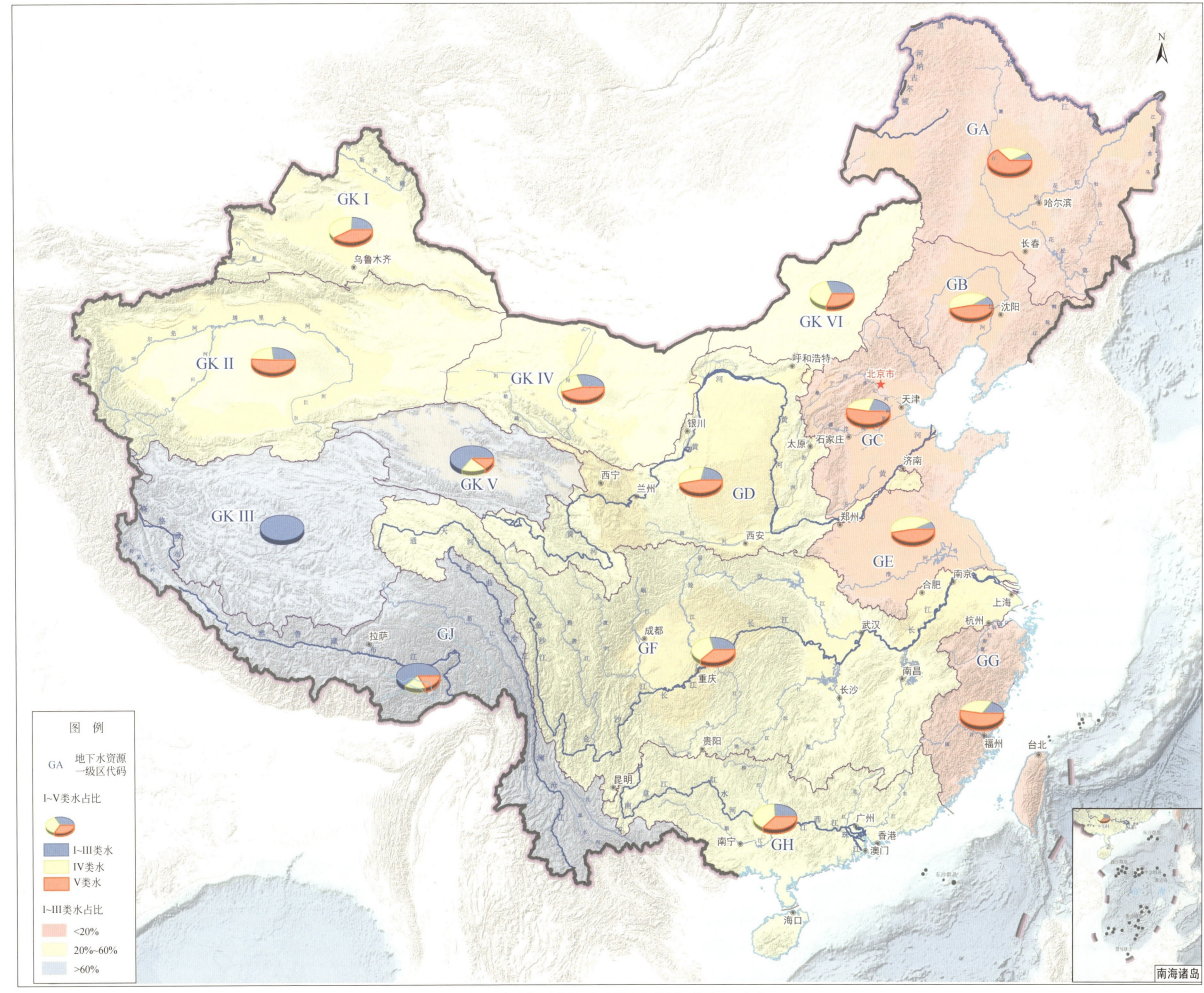

GK I
乌鲁木齐

GK II

GK III

GK IV

GK V

GK VI

GA
哈尔滨
长春

GB
沈阳

呼和浩特
北京市
天津
石家庄
济南
GC

银川
太原

西宁
兰州
GD
郑州

西安

GE
南京
合肥
上海
杭州

GJ
拉萨市
成都
武汉
长沙
南昌
GG
GF
重庆

贵阳
长沙

昆明

南宁
GH
广州
香港
澳门
海口
台北

南海诸岛

附图 7 全国地下水资源一级区地下水质量状况图（2021 年）

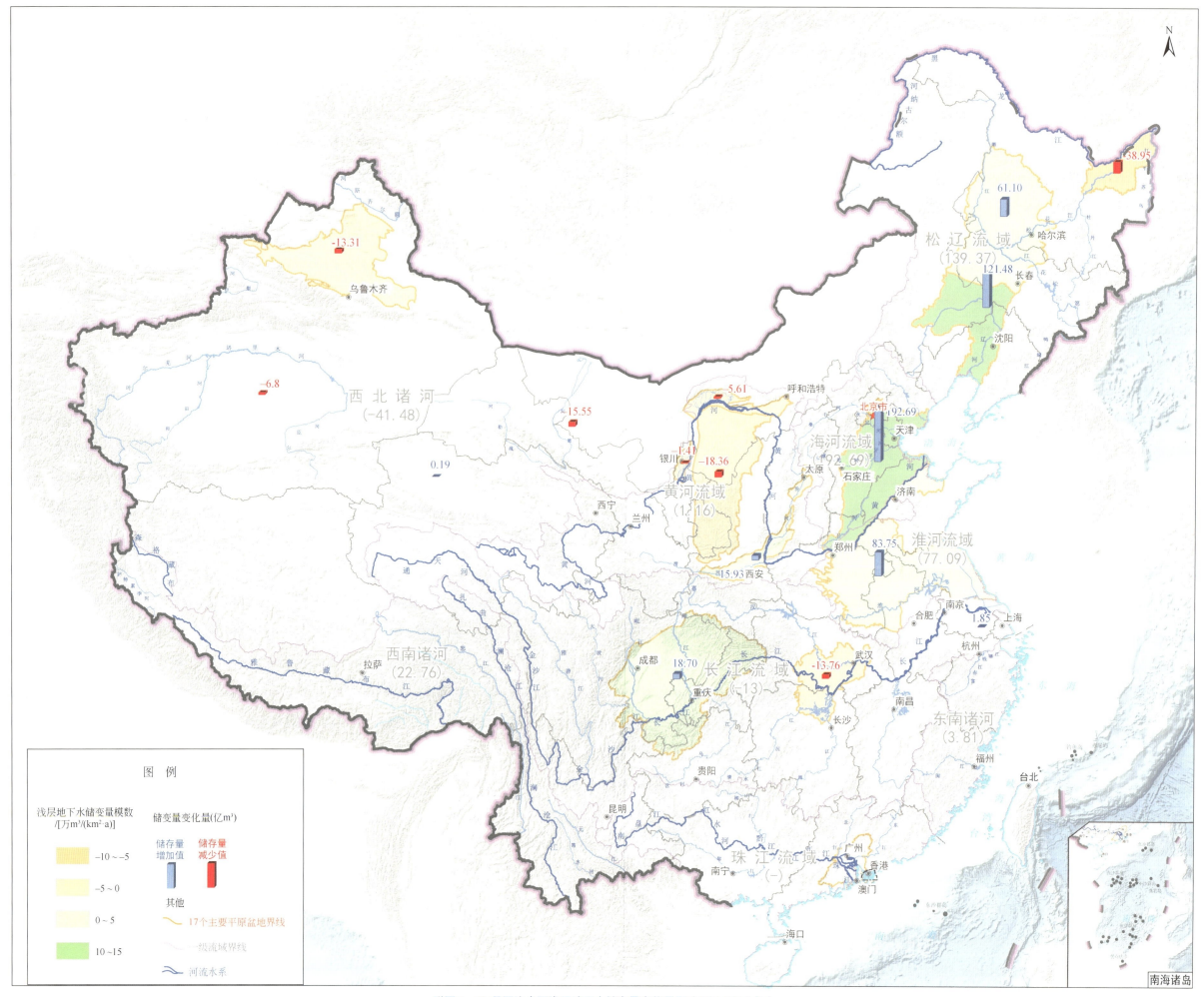

附图6　12月同比全国浅层地下水储存量变化量图（2020~2021年）